日産 独裁経営と権力抗争の末路

ゴーン・石原・川又・塩路の汚れた系譜

有森 隆
Arimori Takashi

さくら舎

はじめに

日産自動車の帝王として君臨してきたカルロス・ゴーンが塀の内側に墜ちた。

ゴーンは45歳で仏ルノーから日産に送りこまれ日産を再建。「弱者連合」と呼ばれた日仏連合は、２０１９年３月末で資本提携から20年を迎えた。三菱自動車を加えた世界販売台数は１０００万台（18年は１０７５万６８５４台）にまで拡大し、世界２位の自動車連合となった。

だが、ゴーンによる長期独裁政権は、側近たちの〝反乱〟であっけなく終わりを告げた。

「１人に権限が集中しすぎた」

「長年にわたる統治の負の側面と言わざるを得ない」

日産前会長のカルロス・ゴーンが逮捕された２０１８年11月19日夜、横浜市の日産グローバル本社でおこなわれた記者会見で、社長の西川廣人《さいかわひろと》はゴーンによる20年近い長期政権の弊害《へいがい》をこう総括した。

ゴーンに権力が集中し、暴走を許したものは何か。誰なのか。

圧倒的なパワーを持つ権力者があらわれると、ひれ伏してしまうのが日産の社風である。長いものには巻かれろ。権力、権限を持つ者、強い者に逆らっても得にはならない。言うなりになるしかない。権力に従順になる社員のＤＮＡ（遺伝子）が独裁者を生みやすい土壌となっている。

戦後、日産の経営陣は１９５３（昭和28）年の大規模な労働争議を頂点に、強力な左翼労働組合に翻弄《ほんろう》されてきた。日産の大争議のとき、第二組合の誕生によって窮地《きゅうち》を救われ、組合に大きな借りをつくってしまった。

第二組合の力を借りて、第一組合の切り崩しに狂奔《きょうほん》し、業績を盛り返した9代目社長の川又克《かわまたかつ》二《じ》は「日産中興の祖」と評された。１９７３年まで16年にわたって社長の椅子に座りつづけた川又に権力が集中し、公私混同があった。

川又の懐《ふところがたな》刀で、自動車労連の会長をつとめた塩路《しおじ》一郎《いちろう》は組合で絶大な権力を握った。日産の生産現場を牛耳《ぎゅうじ》り、人事権までも手中に収め、経営陣でさえ逆らえないほどの絶対的な権力を長期にわたって行使してきた。

工場のオペレーションをどうするか。次にどのようなクルマを開発して売り出すのかといった経営方針は、本来、経営側が決めるべきものである。日産では、経営権を労働組合、いや塩路ひとりに奪われ、役員ですら口出しできない異常事態に陥った。現場の人事を介して、労組が経営に介入する状態がつづき、ついには、経営戦略や役員人事にまで口を挟むようになった。

塩路は独裁体制をつくった。１９８３年８月、記者会見し、「英国に工場をつくることに反対する」と主張した。海外進出計画に労組が公然と異を唱えたことに11代社長の石原俊《いしはらたかし》は激怒した。塩路は組合の則《のり》を超えてしまったのだ。

謀略の応酬《おうしゅう》の果て、石原は塩路の追い落としに成功。日産の新たな独裁者となった。

川又、塩路、石原の３人はそれぞれ権力を手にするために、激烈《げきれつ》な社内抗争を勝ち抜いてきた。人事をエサにした懐柔《かいじゅう》工作は当たり前。怪文書が飛び交い、社内は疲弊した。

特に、塩路と石原の対立は、経営の混迷をもたらした。１９９９年、経営破綻《はたん》寸前まで追い込まれ、ルノーの軍門に下る遠因となった。

日産の救世主として登場したカルロス・ゴーンも絶対的な権力者となり、会社を私物化。ほしいままに収奪した。ゴーンも人事権と予算権を握り、独裁者として君臨した。それは、川又、塩路、石原がやってきたことと相似形だが、日産がグローバル化した結果、ゴーンの権力は海外にまでおよんだ。

ゴーンの行状《ぎょうじょう》で際立っているのは、報酬などをめぐる疑惑がベルサイユ宮殿での自らの結婚披露宴費用の流用などを除き、ルノーでは起きず、日産だけに限られていることだ。ゴーンは日本人を舐《な》め切っていたのか。

１つだけはっきりしていることがある。日産のガバナンス（企業統治）は取締役会から業務執行のあらゆる局面で機能不全に陥っていたということだ。

その意味では〝ミニ・ゴーン〟、あるいは〝ゴーン・チルドレン〟とされる西川廣人はゴーンとほぼ同罪である。


石原が社長時代に刊行した『21世紀への道　日産自動車50年史』（１９８３年刊）には、会長の川又克二と社長の石原俊の２人のドンの写真がでかでかと載っている。だが、塩路を巻き込んだ激烈な権力闘争については、当然のことながら1行も触れていない。

次の50年史は誰によって書かれるのだろうか、日本語になるのかも定かではない。

本書は、正史から消された日産の「裏面史」である。

敬称は略させていただいた。

有森《ありもり》　隆《たかし》

目次◆日産　独裁経営と権力抗争の末路——ゴーン・石原・川又・塩路の汚れた系譜

はじめに　1

第1章　成果なきゴーン経営

バブル後に有利子負債4兆円の窮状　18
北米リース損失で一気に崖っぷちに　21
奇跡のゴーン革命「日産リバイバルプラン」　24
ショック療法で危機感を持たせる　25
小泉首相に改革の極意を伝授　28
成功した「アメと鞭」の政策　30
2004年、4年後の増配を公約した絶頂期　32
3つのコミットメントの達成度　33
メッキが剝げ落ちた「日産バリューアップ」　37
ゴーン・マジック1：会計操作　38
ゴーン・マジック2：数値目標のテクニック　40

ゴーン・マジック3：ボトムからの変化率の大きさ　41
コストカットが品質低下を招いた　43
国内で日産車が売れなくなった　45
ゴーン神話の翳り　48
コミットメントの旗印を降ろす　49
数値目標が消えた　51
東日本大震災で生産停止　53
中国政府の後ろ盾を得て中国に進出　55
沈む日産を救った中国市場　58
EV「リーフ」は大苦戦　59
2期連続の下方修正、業界で一人負け　60
規模拡大路線がもたらす日本市場軽視　63
隠蔽体質の三菱自動車　65
三菱自動車を傘下に収める　67
17年ぶりのトップ交代　69
国内販売台数は2位から5位に後退　70

第2章　2人の天皇の君臨――川又克二・塩路一郎

日産自動車創業前史　74
公職追放、大労働争議からの再出発　76
日産を狂わせた暴君たちの抗争　78
労組に対抗できる〝首切り人〟・川又　80
反共思想のスト破り・塩路　83
御用組合の会計部長に抜擢　85
川又追い落としを阻止する組合スト　87
石原が仕掛けたクーデターだった　89
川又追い落とし工作の舞台裏　93
労働界のボスにのし上がっていく塩路　95
自動車労連会長は宮家から塩路へ　96
宮家の役職要求のため2度目のストを計画　98
宮家追放へと流れを変えた塩路派の一言　101
組合員を監視する塩路の秘密警察　103

藪の中――塩路が語る宮家追放の舞台裏　104
2度目のストをめぐる労使交渉　106
退任後も組合執行部を動かす宮家　109
川又社長からの〝鼻グスリ〟　110
「日産で俺の考えと違う方向で動けると思ったら大間違いだ」　111
「塩路は川又と組んだのではないか」　113
宮家を追放し盤石となった〝労使協調〟　116
「日産は塩路の会社なのだ」　117
人事権を塩路に与え、組合を抑えた川又　119
二重権力の頂点に立つ　121

第3章　改革という名の権力抗争――石原俊

「俺は40歳代で社長になってみせる」と公言する男・石原　126
国内販売で失敗、海外重視に転換　127
〝フェアレディZの父〟片山を嫉妬から放逐　128
塩路憎しで決めた米国トラック工場　130

石原vs塩路から英国進出をめぐる労使対立へ　131
「サッチャーさんも必死で川又さんを口説くでしょう」　133
石原の謀略だった「サッチャー＝川又会談」　137
中曽根康弘が塩路に依頼したこと　139
政治案件と化した英国進出問題　141
「総理は私にウソをついた」　144
「経営権への介入」に踏み込んだ日産労組　146
塩路敗れたり　148
ばら撒かれた塩路攻撃の怪文書　152
女とのヨット密会を「フォーカス」された労働貴族　153
塩路打倒に決起した「七人の侍」　155
「おれはどうしてもこの男を倒したいんだ」　156
髪の長い美人と小太りの男　158
塩路追い落としにかけた〝宣伝広告費〟は年７００億円　160
経営破綻につながった国際戦略の失敗　162
抗争の主役たちの責任のなすり合い　163
ルノー傘下入りは「塙によるクーデター」　164

独裁者でなければ統治できない企業風土　168

第4章　コストカッターから独裁者へ——カルロス・ゴーン

権力維持装置としてのアライアンス　170
統括会社がアライアンスを決定する　171
アライアンスは合併でも買収でもない「第3の道」　173
ゴーン1人に権力が集中する統治構造　177
あくなきマネー欲、権力欲の原点　180
徹底的なコストダウンで出世　181
日産再建に自ら手を挙げる　183
ルノーへのコミットメントは「日産の植民地化」　187
〝上納金〟は1兆円　189
開発費が削減され国内販売が低迷へ　191
ゴーン流人事の要諦「ナンバー2を潰せ」　192
ルノー、日産、ルノー・日産BVの絶対権力を手にする　195
ルノーを揺るがしたEV機密漏洩事件　197

産業スパイ事件は謀略だった　198
日産ＣＥＯの座がゴーンを救った　200
業績不振で志賀ＣＯＯを解任　201
ルノーでも独裁体制を確立　203
ルノーがもぎ取るアライアンスの果実　204
日産社内に高まる不満　207
ＯＢたちの不安「会社が変にならないように責任持てよ」　210
主要幹部が続々退任　212
仏政府の介入に日産が猛反発　214
日産が「切り札」に使った会社法３０８条　217
「ＥＶでは日産がリーダーになる」　219
電気自動車王の野望　220
独ダイムラーとＥＶ提携　222
燃費不正問題に揺れる三菱自動車を買収　224
狙いは三菱商事の海外販売網　226
世界販売台数トップに駆け上がる　227
現場にはびこる不正　228

北米で大きく落ち込む　231
ルノーＣＥＯ続投の条件は「日産を完全に支配せよ」　234
「ルノーが日産を呑み込む」がクーデターの引き金　238

第5章　日産よ何処へ行く

羽田空港で身柄確保　242
カルロス・ゴーン逮捕　243
社内調査と捜査が並行して進む　245
臨時取締役会でゴーン会長を解任　247
退任後に報酬を受け取る仕組みを構築　250
「ゴーン・チルドレン」西川と志賀　253
報酬隠しは仏政府とルノーの株主対策　255
事件の発端となったリーマンショックの巨額損失　258
「会社の私物化」が次々と明らかに　260
「ＣＥＯリザーブ」と不透明な中東巨額送金　262
ゴーンのマネーロンダリング疑惑　264

捜査の突破口はオマーンルートか 266
「CEOオフィス」を操り、人事と予算を握る 267
ゴーン本人が無実を主張 269
アライアンスの権力バランスの行方 270
ゴーン派を粛清 272
資本関係の見直しに立ちはだかる壁 275
3社連合崩壊の危機 277
ルノーの新体制決まる 280
ルノーvs日産の第一幕が開く 282
あとがき 284
参考資料 287

日産　独裁経営と権力抗争の末路

――ゴーン・石原・川又・塩路の汚れた系譜

第1章　成果なきゴーン経営

帝王、皇帝、暴君、独裁者、ワンマン、カリスマ――。猛禽類《もうきんるい》のような鋭い目をした日産自動車会長のカルロス・ゴーンには、こんな異名《いみょう》がつきまとう。

電撃的に「ゴーン逮捕」の幕は開いた。ゴーンは、自分の報酬を少なく装う有価証券報告書の虚偽記載（金融商品取引法違反）で逮捕され、起訴された。会社の私物化、公私混同、強欲、銭ゲバ、カネの亡者。ゴーン像は一転した。

バブル後に有利子負債4兆円の窮状

はじまりは1998年5月の独ダイムラー・ベンツと米クライスラーの「対等合併」の発表だった。

日産自動車社長（当時）の塙義一《はなわよしかず》は、日刊工業新聞の名物コラム「決断・そのときわたしは」（2006年1月11日・12日・13日付）で、こう回想している。

〈ダイムラーとクライスラーの合併は、報道で知って驚きました。98年のゴールデンウイーク中でしたね。考えてもみなかった組み合せです。このころ業界では『400万台クラブ』と言われ、それ以上の生産台数がないと生き残れないという噂が流れていました。日産はまさにボーダライン。ダイムラー・クライスラーのニュースを聞いて、我々も提携相手の模索を始めます。恐らく世界中のすべての自動車メーカーがいろいろ動いていたと思いますよ。

このころのマスコミは、日産とダイムラーの包括提携の可能性を報道しはじめました。ダイムラーとは半年ほど前、97年末ごろから日産ディーゼル工業（引用者注：現・UDトラックス）の株式を売却する交渉をしていました。しかし、これは基本的に（経営不振の）日産ディーゼルをどう立て直すかという、トラック事業の話です。日産本体がダイムラーと組む話をしたことは、当時はありませんでした。

日産本体の提携相手探しでは、こちらから声をかけた会社も、向こうからかけてきた会社も、いろいろあります。日本の自動車メーカーもアイデアとして浮かびましたが、行動には移していません。私は米国赴任中に米国の『個の強さ』と日本の『集団の強さ』を合成して良い企業文化が生まれることを経験しました。だから日産の提携相手も文化の異なる海外メーカーがいいと思っていました。

ルノーは向こうから声をかけてきてくれた会社の一社です。まず、98年7月にルイ・シュバイツァー会長と東京で会いました。下から上がってきた話ではなく、いきなりトップ同士で話を始めています。当時私はルノーという会社をよく知らなかったのですが、この会談でとてもいい印象を受け、話を進めることになりました。ただし、ルノーはまだ提携候補のワンオブゼムです〉（注1）

塙の意中の提携候補はダイムラー・クライスラー（現・ダイムラー）やフォード・モーターだった。

塙は東京大学経済学部卒で、1957年に日産に入社。おもに米国を中心に工場や販売にたずさわった。帰国後、昇進を重ね、1996年6月、13代社長の辻義文《つじよしふみ》の後任として就任した。

バブル経済が崩壊した1990年代、日産は4兆円超という膨大な有利子負債を抱え、過去10年で1回しか黒字になっていなかった。安堵《あんど》できるような状況ではなかったが、日産の社員には危機感がなかった。これほど大きな会社が急になくなることはないだろう、という淡い期待がどこかにあって、これが改革の妨げになっていた。

〈本当に会社がなくなる可能性もあるけれど、それを強調しすぎて社員が落ち込んでしまうのはまずい。社員には「やるぞ」という意気込みを持ってもらいたい。そこで98年春から3年間の中期経営計画では、ターゲットとして「シェア25%」という数字を掲げました。工場閉鎖と人員削減では縮小再生産になるだけです。私の課題は、開発から始まる会社のマネジメント全体をいかに変えていくかでした。

まず改革が必要だったのは関連会社とのもたれ合いです。5というプライスの部品を3で調達したいのだけれど、情にひきずられて3・5とか4になってしまう。コストだけでなく、品質面でももう一歩突っ込んだ努力が行われていませんでした。系列取引の見直しだけでなく、年功序列とか終身雇用とか、日本の高度成長を支えてきた仕組みを見直す作業だったとも言えるでしょう。

ところが、シェア25%だと言うと社内に「数字を出せばいいいんだろう」という傾向が出てきてしまった。足元の改革を怠って、安易な策で数字を上げようとする。後に大きな問題になる米国でのリース販売拡大もその一例です。そこで、改革を実行する具体的な「手だて」として「グローバル事業革新策」を98年5月20日に発表しました。

この時の施策は車種の削減、プラットフォーム（引用者注：車台）の集約、販売店の２チャンネル化、資産売却による有利子負債圧縮、総コストの４０００億円削減――など、項目は後の日産リバイバルプランとよく似ています。

ゴーンが立派なのは、それを実行したことなのです〉（注1）

塙は相手探しをつづけながら、「合併」ではなく「対等な提携」がよいと考えていた。資本関係を持つにしても、相互持ち合いという、まったく対等な関係がよいという考えだった。

北米リース損失で一気に崖っぷちに

しかし、１９９８年末に、日産の置かれている状況が大きく変わった。米国のリース販売で巨額の損失を出したのだ。

高額な耐久消費財であるクルマを即金で買う人はそう多くはない。日本では分割ローンが一般的だが、米国ではメーカー側がクルマを所有したまま消費者に貸す「リース販売」もおこなわれていて販売全体の約25％を占める。リース期間は３年間。金利などを加えた金額を月々36回払いで支払う。消費者がより手軽にクルマに乗れる仕組みだ。リース満了後は、消費者はクルマを返すか、リース残額で買い取ることができる。買い取ったら乗りつづけてもいいし、中古市場で転売してもよい。

中古価格が下がると、消費者はリース満了後のクルマを買い取らない。中古車ショップに行けば、残額より安く手に入るのだから当然だ。メーカーは、返却車両を中古市場で安値で処分せざるを得なくなった。

中古価格が下がると返却率は上がる。価値が減じたクルマがメーカーへ戻ってくるという悪循環だ。メーカーはリース残高に関わる損失を計上せざるを得なくなる。リース損失である。

日米の自動車メーカーは多額のリース損失を出した。日産はもともと財務内容が悪化していたから、ひとたまりもなかった。瀕死《ひんし》の重症を通り越して、一気に生死を分かつ崖っぷちに立たされたのである。

〈98年末、米国でのリース販売の損失などで日産は（財務面で）厳しい状況になりました。私はパリに飛び、両社が『対等でない出資条件』をこの時初めて要望したのです。シュバイツァーさんは、当初は含まれていなかった出資の話に、ポジティブに対応してくれました。

もう一つの問題は、（債務を抱えた）日産ディーゼル工業です。ダイムラーと進めていた日産ディーゼル株式の売却の交渉と、その後話が出た日産との提携交渉は、99年3月11日に彼らが交渉中止の短いステートメントを発表します。この時もルノーはトラック事業には興味がないのに「半分持ちましょう」と言ってくれたのです。こうして3月13日、パリ・シャルルドゴール空港

隣のシェラトンホテルで、日産とルノーは提携に最終合意しました〉（注1）

仏ルノーに身売りした日産の最後の決算となった1999年3月期連結決算は、売上高が前期比0・2％減の6兆5800億円、当期純損失は277億円の赤字（98年同期は140億円の赤字）となった。

米国の販売金融会社のリース取扱率を引き下げたことで連結有利子負債は4・3兆円から3・6兆円に減ったたが、それでも巨額の有利子負債に喘《あえ》ぐ状態であることに変わりはない。

ルノーとの提携内容は、ルノーが日産の第三者割当増資5857億円に応じ、日産株式36・8％を取得するとともに、2159億円の新株引受権付き社債（ワラント債）を引き受けるというものだった。総額8016億円の資金を投じて、事実上、日産を「買収」した。日産はルノーの傘下に入った。

マスコミは「負け組連合」「貧者の結婚」と揶揄《やゆ》した。

1999年6月、カルロス・ゴーンが日産の代表取締役、最高執行責任者（COO）に就任した。

塙義一は「グローバル事業革新策」を実行できず、絵に描いた餅で終わった。しがらみのないゴーンが「日産リバイバルプラン」を果敢に実行したのである。

奇跡のゴーン革命「日産リバイバルプラン」

ゴーンのデビューは鮮烈だった。1999年10月18日、東京・日本橋のロイヤルパークホテルで開かれた「日産リバイバルプラン（NRP）発表会」。破綻《はたん》寸前の日産の再建に乗り込んだゴーンはこう言い切った。

「この計画で発表した3つのコミットメント（必達目標）のうち、達成できないものが1つでもあれば、自分を含めて取締役全員が退任します」

日産の再建3ヵ年計画では、3つの具体的な数字が掲げられた。

【日産リバイバルプラン】（1999～2001年度）

①2000年4月からの3年間で1兆円のコスト削減を実行し、NRPの初年度にあたる01年3月期の連結決算で黒字回復。

②2003年同期の連結売上高営業利益率の4・5％以上の達成。

③自動車事業の有利子負債を7000億円以下に半減させる。

公約を実現できなかったときには、社長以下の全経営陣は退陣すると明言した。

ゴーン改革のキーワードはこのコミットメントである。

〈コミットメントは目標の達成を責任を負って約束すること。コミットメントは達成すべき目標。達成すべき目標は数字で明示され、一度コミットしたら、予期せぬ状況変化がない限り、達成しなければならない。未達成の場合は、具体的な形で責任を取る〉

日産社内に配布された用語集で、ゴーンはコミットメントの意味をこう述べた。

それまでの日産の経営者にはなかった発言である。目標の達成に責任を負うと、公《おおやけ》に約束するのだ。目標は、努力目標ではなく進退を賭したものとなる。

経営者の責任の重さと不退転の決意を強調することで、単なる口約束でないことをゴーンは身をもって示したのである。これは責任をすべてあいまいにする日本の文化への挑戦でもあった。

コミットメントによって、ゴーンは日産改革の主導権を握った。

ショック療法で危機感を持たせる

ＮＲＰには具体的な数値目標が明示された。危機感のない従業員に、「いままでのやり方では通用しない」と思い知らせるショック療法だ。

（１）２万１０００人、14％の人員削減。

（２）村山工場など国内５工場を閉鎖、年間２４０万台の国内工場の生産能力を30％削減し１６５万台にする。

（3）1145社あった部品サプライヤー（供給業者）を選別し、600社に削減。
（4）直営ディーラー数を20％削減し国内販売体制を縮小する。
（5）自動車以外の事業、土地や株式の売却――が柱である。

ルノー時代に「コストカッター」の異名《いみょう》を取ったゴーンらしい徹底的なコスト削減計画である。NRPが発表になったとき、日産を襲った衝撃は凄まじかった。日産は倒産したと宣言されたも同然であったからだ。

ゴーンはNRP達成のため、社内に9つのクロス・ファンクショナル・チーム（CFT、社内横断チーム）を編成し、それぞれのチームに課題を設定した。200人のCFTでは2000のアイデアが検証され、そこから400が提案されて、最高意思決定機関であるエグゼクティブ・コミッティによって議論された。これがNRP策定の過程だという。

「二交代制で2人のゴーンがいた」

日産OBは、ゴーンの獅子奮迅《ししふんじん》の活躍ぶりをこう振り返った。NRPを作成するまでの6ヵ月間、昼は経営者ゴーンとして、夜はテーマ別の9つのチームの検討会の統括責任者としてフル回転した。

9つのチームはそれぞれ若手の10人程度で構成され、各チームのトップはゴーン自身が面接して選んだ。日産社員としての命運がここで決まった人もいる。

ゴーンが出席する会議では、英語で議論が進められた。実際は、ゴーンの独演会になるが、ゴーンの発言を英語で上手にフォローできる人間が重用された。管理職への登用は、英語でのコミュニケーション能力を示すＴＯＥＩＣの点数で決まった。本社のラインの課長は５００点以上、海外営業の課長なら７００点以上が昇格の条件だ。

ゴーンに認めてもらおうと、日産マンたちはベルリッツなど、短期間で会話がうまくなる英会話学校に通った。それも、同僚に知られないように、ひとりで早朝か深夜に密かに行っていたという。

当初、ＮＲＰの数値目標の達成には疑問符がついていたが、２年間で目標を前倒しで達成した。２０００年３月期の連結最終赤字６８４３億円が、翌01年同期には３３１０億円の黒字に転換し、３年ぶりに１株７円の配当を復活。営業利益率は４・８％を達成し、公約した連結決算の黒字化と営業利益率４・５％を１年でやり遂げた。

さらに02年３月期には自動車事業の有利子負債を４３１７億円まで減らし、７０００億円以下に半減させる公約も果たした。

コミットメントの数値目標達成の原動力になったのは、日産の社員が危機感を持ったことだ。リストラで最も難しいのは、しがらみを断ち切り、守旧派をいかに押さえ込むか、である。多くの改革が中途半端に終わるのは、守旧派の抵抗が激しいからだ。

しかし、敗戦や倒産に直面し、「言うことを聞かなければ自分たちが生きていけない」と悟ったとき、日本人はじつに従順になる。

「社員が倒産という危機的状況を実感し奮起したから、日産は生き返った。一方、三菱自動車はダイムラーや三菱グループへの依存体質が抜けきれず、上から下までまったく危機感がなかった」（三菱自動車の元役員）。2000年にダイムラーと提携した三菱自動車は、2005年に提携解消を言い渡された。

倒産の危機を日産の社員に自覚させたことが、初期段階でのゴーンの最大の功績である。

日産リバイバルプランは1年前倒しで達成された。日産は華々しく復活し、カルロス・ゴーンは一躍、経営者の鑑《かがみ》となった。

ゴーン改革を断行した日産は、巨額な赤字から過去最高の利益へとV字回復を果たした。

小泉首相に改革の極意を伝授

カルロス・ゴーンは時の首相、小泉純一郎《こいずみじゅんいちろう》に改革の極意を伝授した。

2001年6月26日午前。首相の小泉は、首相官邸でカルロス・ゴーンの訪問を受け、初めて顔を合わせた。4月26日に首相に就任して2ヵ月後のことである。

この5日前の21日に開催された日産自動車の株主総会で、「日産リバイバルプラン」のコミットメントである「黒字転換」を同年3月期決算で達成し、「業績をV字回復させた」と報告した。

ゴーンは、日産を奇跡的に再建させた経営者として各界から称讃されていた。

握手もそこそこに小泉はたたみかけた。

「どのように目標を達成したのか？」

「目標達成の秘訣は？」

「職を失った人はどうなったのか？」

「社長が一番困難だった時期は？」

次々と質問を浴びせた。

ゴーンは「努力の期間の時期の後に成果は目に見える形で必ず出てくる」「会社の再建は進み、新卒採用も増やしている」などと答えた。

小泉は就任直後の衆院本会議でおこなった初の所信表明演説で「構造改革なくして成長なし」と訴え、「痛みを恐れず、既得権益の壁にひるまず、過去の経験にとらわれない。恐れず、ひるまず、とらわれずの姿勢を貫き、21世紀にふさわしい経済・社会システムを確立していきたい」と宣言した。

これを阻《はば》もうとする自民党の抵抗勢力との死闘を前に、小泉は改革の先輩であるカルロス・ゴーンの話からヒントを得ようとしていたのだ。

ゴーン改革のコミットメント。目標は数字ではっきり示され、いったん口にしたら達成しなければならない。達成できなければ、責任をとって辞任する。「未達なら辞める」と言い切った経営者は、彼が最初である。

決して努力目標ではないのだ。コミットメントという言葉は、経済・産業界だけでなく日本社会全体に衝撃を与えた。

のちの2005年3月7日のソニーの取締役会で、会長兼CEO（最高経営責任者）の出井《いでい》伸之《のぶゆき》が「2007年3月期に連結売上高営業利益率を10％にしたい」と報告すると、社外取締役のゴーンはすかさず、「それはコミットメントか」と質《ただ》した。

この一言が、出井が会長を辞任するきっかけになった。

成功した「アメと鞭」の政策

コミットメントはゴーンが日産社内で求心力を高めるうえで強力な武器となった。

自著『ルネッサンス――再生への挑戦』（ダイヤモンド社）で、この効用を語っている。

「危機感はトップが作り出すものだ。組織が危機感を共有していなければ、新しい目標や、挑戦の機会を与えることで緊張感を作り出すべきだ。仕事には緊張感が必要なのだ。会社が危機意識を持続できなければ社員のモチベーションは鈍り、真の収益を上げるために大切でないことに終始し、大切なことを軽視するようになる」（要約。注2）

危機感を生み出すカードがコミットメントだった。ゴーンはまず自らの退路を断った。

「コミットメントを達成できなければ、自分は辞める」

こう誓うことで、ゴーンは改革の本気度を示すとともに、リーダーとしての責任を明確にした。自ら範を垂れることで、役員・社員に責任を問える体制にした。コミットメントを達成すれば昇給・昇進となり、達成できなければ降格・減給で責任を取らされる。

ゴーンが日産社内に仕掛けた揺さぶりの効果は絶大だった。

「計画に信頼性を持たせ、私が日産に全力投球するという意気込みを社内外に知らせるうえで、コミットメントは非常に重要だった。これで日産の復活に懐疑的な人々の信頼を獲得したのだと思う」と自画自賛した。

コミットメントの対象は経営陣だけではなかった。

じつは、現場レベルでは、コミットメントの上に「ターゲット」が設定されていて、ターゲットをクリアするとさらに高い評価が与えられた。ボーナスや年俸（管理職以上）は、コミットメント＆ターゲットの成果に応じて決まった。ターゲットは日本語では努力目標だが、もっと強い響きがあったと日産マンの１人は証言している。「ゴーンの経営の真髄《しんずい》はターゲットにあり」との声が日産ＯＢからあがる。

アメと鞭《むち》の信賞必罰《しんしょうひつばつ》の人事政策は大成功した。ゴーンが百戦錬磨の経営者であることがよくわかる。

２００４年、４年後の増配を公約した絶頂期

ゴーンは「日産リバイバルプラン」につづいて、「日産１８０」（２００２〜04年度）、「日産バリューアップ」（２００５〜07年度）と2つの中期計画を策定した。

日産は２００４年３月期に過去最高の営業利益率11・１％となった。同期の業績は連結売上高は7兆４２９２億円、連結純利益は５０３６億円をあげ、５期連続で過去最高益となり、年間配当金は１株19円に増配した。

（翌年の２００５年３月期まで、６期連続で過去最高益を更新する。２００５年３月期は売上高8兆５７６２億円、純利益５１２２億円）

「日産バリューアップの最終年度にあたる２００８年３月期の年間配当金は1株につき40円以上とする」

２００４年6月23日、東京・品川プリンスホテルで開催された日産自動車の株主総会。議長として壇上に立った社長のカルロス・ゴーンは１２４２名の株主を前に高らかにこう宣言した。

ゴーンの公約どおりに4年後に２・１倍の年40円に増やすことができれば、トヨタ自動車の同45円、ホンダの同42円に肩を並べる高率配当を実現できる。

ゴーンは「可能な限り最高のリターンを約束する。コミットメントには全責任を負う」と言い

切ったが、４年後の配当政策を株主に公約するのは異例中の異例だ。

日産自動車の社長兼最高経営責任者（ＣＥＯ）となったカルロス・ゴーン。彼ほど名前が知れ渡った経営者はいないだろう。日産自動車の業績のＶ字回復とダイムラー・クライスラーによる三菱自動車の再建の失敗という、自動車業界の光と影を目の当《ま》たりにした人々が、パフォーマンス一杯のゴーン改革に魅了されたとしても不思議はなかった。

日産は奇跡の復活を果たし、カルロス・ゴーンは経営者の鑑となった。わが国の経営者は目標を口にするが、達成できなくても責任を取らない。ゴーンを見習えという論調ばかり目立った。

３つのコミットメントの達成度

２００４年、あらゆるメディアやジャーナリストがカルロス・ゴーンを「名経営者」「日産の救世主」などと讃《たた》えるなか、筆者は彼の経営手法についていくつかの疑問点を呈し、日産凋落《ちょうらく》の可能性を示唆《しさ》した記事を書いた。（「月刊現代」２００４年９月号――徹底検証　数字のマジックだったカルロス・ゴーン『経営神話』の自壊）。

そして今日にいたるまで取材をつづけた結果、ゴーン流の強気一辺倒の経営がつづく限り、今後、日産はますます混迷の度合いを深めていくだろうと確信した。

大成功したかに見えるゴーン改革の実態とゴーン流経営の構造的欠陥について、順を追って検証してみたいと思う。

ゴーンは社長就任以来、中期経営計画を6回策定している。5番目の「パワー88」をのぞき、すべての計画は3つの数値目標を掲げている。

Ⅰ　日産リバイバルプラン（1999～01年度）
Ⅱ　日産180（02～04年度）
Ⅲ　日産バリューアップ（05～07年度）
Ⅳ　日産GT2012（08～12年度、09年に中断）
Ⅴ　日産パワー88（11～16年度）
Ⅵ　日産M.O.V.E. to 2022（17～22年度）

まず、初期の3つの計画のコミットメントの達成度を検証してみよう。

Ⅰ　**日産リバイバルプラン**（1999年10月18日発表）

すでに述べたとおりだ。NRPは2001年度に1年前倒しして達成。ゴーンが名経営者と讃えられたのは、このときだ。

Ⅱ　**日産180**（2002年4月スタート。リバイバルプランが1年早く計画を達成したため、前倒しされた）

①グローバルで100万台の増販。
②営業利益率8％の達成。
③自動車事業の実質有利子負債を0にする。

「日産180」は02年10月から05年9月（決算上では9月中間期）の3年間に達成すべき3つの目標を設定した。

①は、05年9月中間期末のグローバルの総販売台数を02年3月期末よりも100万台増やすこと。②の「8」は、連結売上高営業利益率8％を達成し、利益率で世界の自動車メーカーのトップレベルに立つこと。③は自動車事業の実質有利子負債をゼロにすることだ。①〜③の数字を並べると名称の「180」となる。

②と③は早々に達成した。03年3月期の営業利益率は10・8％と、世界の自動車メーカーのなかでトップレベルになった。また、ルノーとの提携前の日産は1999年3月末に1兆9000億円の自動車事業の実質有利子負債を抱えていたが、03年3月期末には完全になくなり、逆に86億円のキャッシュポジション（手金）ができた。

最大の難問は①の100万台の増販だった。会見のたびに「100万台増販のコミットメントを達成できない場合は責任を取るのか」と記者に詰め寄られ、苛立つゴーンの姿がたびたび見られるようになったのは、この頃のことである。

増販が未達に終わると、自らの経営責任を追及されかねないことを恐れたゴーンは、後先を考えず、強引な販売攻勢をかけた。

２００４年９月。ゴーンは一度に６台もの新車を発表し、「毎月１台のペースで新車を投入する」と言明したのである。日本市場では、新車発売直後に販売台数が急増する傾向が強かったため、その効果を狙った。

１ヵ月に１台のペースで新車を投入した結果、２００５年９月末までに世界の販売台数は１０７万３０００台増え、１００万台増販はかろうじて達成した。

だが、その代償は大きかった。

新車を一時期に集中したために、その直後から日産は極度のタマ（新車）不足に陥った。日米欧の主要市場で乗用車の新車ゼロという異常事態がつづき、これが販売不振に輪を掛けた。本来なら計画的に新車投入すべきなのに、目先のコミットメント達成を優先するあまり、競争力を損《そこ》ねてしまった。

この段階で、ゴーンのコミットメント経営（販売目標）は実質的な限界にあったというべきだろう。

コストの徹底した削減によって、財務面のコミットメントはすべて短期間に１００％達成した。だが、車を売るという本業では苦戦を強いられた。

メッキが剝げ落ちた「日産バリューアップ」

ゴーンはさらなる野心的なコミットメントを打ち出す。ゴーン改革の総決算ともいえる「日産バリューアップ」だ。世界販売台数４２０万台、うち国内は１００万台がコミットメントである。

Ⅲ　日産バリューアップ（２００５〜07年度、２００５年４月１日実行）
①２００７年度末までに世界販売台数４２０万台を実現。
②世界の自動車業界のトップレベルの売上高営業利益率の維持。
③３年間平均で、投下資本利益率（ＲＯＩＣ）20％以上を確保。

新たに目標として据えたＲＯＩＣとは、投資によって生じる営業利益を投資額で割った数値。数値が高いほど効率のよい投資をおこなっていることを示す。２００４年３月期のＲＯＩＣは21・３％で、すでに20％を超えていたのだから、ことさら数値目標にする必要はなかった。

コミットメントのメッキが剝げ落ちたのは、この日産バリューアップからだった。出足からつまずいた。４２０万台達成の目標年度は２００８年３月期末としていたが、１年後にずらした。

その理由をゴーンは「日産１８０のときと同様に、新モデルの投入が最終年度（２００８年３

月期）に集中する。その成果をクリーンな形でとらえたいと思って２００９年３月期にした」と釈明した。

日産１８０を達成するために新車を大量に投入した反動で、極度の販売不振に陥り、４２０万台の２００８年３月期末の達成は困難と判断したからこそ、軌道修正したのだが、強気のゴーンはそうは言わなかった。

だが、目標を先延ばししても、グローバルの販売台数４２０万台達成は難しくなった。しかも10％以上あげていた営業利益率が、２００７年３月期は７・４％にダウン。株主総会で経営責任を問う声が上がった。

グローバル販売台数のコミットメントは２０１０年３月期に再び延期された。当初の構想から2年の遅れである。

ゴーン・マジック１：会計操作

そもそも華々しく喧伝された「日産リバイバルプラン」（１９９９〜２００１年度）や「日産１８０」（２００２〜04年度）のコミットメント達成それ自体にも、ゴーン流のマジックがあった。

第一のゴーン・マジックは会計テクニックである。ゴーンは「ＮＲＰ」のＶ字回復を演出するために会計上のテクニックを駆使した。劇的なＶ字回復を演出するには、前の期に空前絶後の大赤字をつくり出せばいい。

V字回復の演出の最たるものは「事業構造改革引当金」である。翌年以降に発生する工場閉鎖にともなう損失や早期退職、いわゆる肩タタキをするための退職割増金などの損失を前倒しにして、2000年3月期は2326億円を計上した。さらに年金過去勤務費用償却額2758億円などと合わせて、7496億円の特別損失を計上したのだ。

この結果、この期は6843億円の巨額の赤字となった。

リストラ費用は、会計上は単年度で処理する必要はない。並の経営者なら、株価が下落し市場（マーケット）から見放されることを恐れて赤字幅の縮小に努めるところだ。

それをゴーンは工場閉鎖や人員削減に備えて一気に処理した。並の経営者の逆を行き、リストラ費用を目一杯前倒しして計上した結果、01年3月期にはリストラ費用の負担がなくなり、見かけ上、利益がカサ上げできる。

同01年3月期には、繰り延べ税金資産として1321億円を計上したほか、減価償却方法を定率法から定額法に変更して298億円の利益を捻出《ねんしゅつ》した。減価償却を定額法に変えれば、黙っていても利益は膨らむ。その結果、3310億円の黒字を生むことができた。

2000年3月期には巨額な赤字を出し、翌01年に大幅に黒字転換してV字回復を印象づける。その演出に使われたのが会計のテクニックだった。

日産のV字回復の半分以上は会計操作によるもので、「単なる数字合わせ」にすぎないとの非難もあった。だが、このテクニックこそがゴーン・マジック。並の日本人経営者には真似のできない芸当だ。

ゴーン・マジック２：数値目標のテクニック

第二のゴーン・マジックは、数値目標設定のテクニックである。都合のよい数字を並べるが、決して嘘を言ってはいない。かといって、すべてをさらけ出すわけでもない。

「日産１８０」のコミットメント③「自動車事業の実質有利子負債を０にする」を見てみよう。ルノーとの提携前の日産は１９９９年３月末に１兆９０００億円の自動車事業の実質有利子負債を抱えていたが、03年３月期末には完全になくなり、86億円のキャッシュポジション（手金）ができた。

自動車事業の実質有利子負債（有利子負債マイナス現金・預金）の残高がゼロになったのは、ルノーからの資本注入が寄与したからだ。

２０００年3月期に、ルノーへ日産株式５８５７億円分と新株引受権付き社債（ワラント債）２１５９億円を割り当てた。これを有利子負債の返済に回したほか、固定資産と有価証券を中心とした自動車事業に直接関係しないノンコア資産を売却した結果、01年３月期の借金の残高は９５２７億円に半減。さらに業績が回復して利益の一部を借金の返済に向けたため03年３月期にはゼロとなった。

ここにゴーン・マジックがある。日産は自動車事業と販売金融事業の２つのセグメントに分けて数字を開示している。実質有利子負債がゼロになったのは自動車事業であって、日産グループ全体ではないからだ。

04年３月期の連結貸借対照表における実質有利子負債の残高は２兆９１１８億円ある。１９９９年３月期と比べ１４２６億円減っただけだ。自動車事業の実質有利子負債はゼロになったが、日産全体の有利子負債は、さほど減っていないのだ。

こうした意図的とも思える数字の操作が、ゴーンが本物の経営者であるかどうかをわかりにくくさせる要因にもなっていた。

日産全体の有利子負債が減っていないのは、販売金融事業にかかわる借入金が増加したためだ。ローンで車を売って販売台数は増えたが、回収がままならなかったということにほかならない。「自動車事業の実質有利子負債をゼロにした」と強調するのは、再建が軌道に乗ったことをアピールするゴーン・マジックだった。

ゴーン・マジック３：ボトムからの変化率の大きさ

第三のゴーン・マジックは、ボトムからの変化率の大きさで幻惑させるテクニックである。

「日産１８０」では「２００５年９月までにグローバルの販売台数を１００万台増やす」ことを目標に掲げた。

「日産180」のベースとなる02年3月末のグローバル販売台数（小売り）は259万7000台（前年同期1・4％減）。うち国内販売台数は71万4000台（同2・6％減）。それを3年間で100万台増の360万台にするというのだ。

増販の地域別内訳は、日本、北米、その他の地域で、それぞれ30万台増（合計90万台増）、欧州で10万台増となっている。

最も難関なのは国内での30万台の増販である。リストラに注力していた時期に販売は凋落した。バブル絶頂期の1989年（138万5000台）と比べると、販売実績は48・4％減と半分に落ち込んだ。V字回復したとはいえ、成熟市場の国内市場で販売台数を一気に伸ばすことは容易なことではない。

ここにもゴーン・マジックを見る業界関係者は多かった。それは大赤字を出して、その翌年に黒字に転換して、V字回復を印象づけたのとまったく同じ手法である。当時、大手自動車メーカーの実力社長は次のように語った。

「たしかに100万台増のハードルは高い。しかし、比較する02年3月末は販売が落ち込んだボトムの数字。ボトムから100万台を上乗せして劇的効果を演出するという、いつものやり方だ。ゴーンがコミットメントで約束しているのは、あくまでグローバルの100万台増であって、国内での30万台増ではない。たとえ国内が未達でも、米国市場で不足分を補えば、帳尻は合う。公約したとおりになったと堂々と言える。彼にはそうしたしたたかな計算がある」

実際に、毎月1台ずつ新車6種を投入したにもかかわらず、国内販売は18万8000台増と、22万台に下方修正された目標にも遠くおよばなかった。好調な米国販売（43万7000台増）が窮地《きゅうち》を救った格好だった。

国内販売台数の未達に堪忍袋《かんにんぶくろ》の緒が切れたゴーンは、2004年3月31日付で、国内販売担当の北洞幸雄《きたほらゆきお》と同マーケティング担当の富井史郎《とみいしろう》の両常務を更迭した。「国内30万台増」の達成が不可能になったため、2人は目標未達の責任を取らされたのだ。

国内担当には北米担当の松村矩雄《まつむらのりお》副社長を充て、北米はゴーンが陣頭指揮を執る体制に変えた。だが、1年後には松村も国内販売不振を理由に退任となった。

コストカットが品質低下を招いた

「ゴーンは本質的に短距離ランナー。短期に業績を回復するテクニックは卓越している。しかし、コストカッターのゴーンには中・長期的に日産をどこに持っていくかという明確なビジョンがない」

日産系列の有力な部品メーカーだった企業の会長はかつてこう語った。

2004年3月期に、11・1％と絶頂期を迎えた営業利益率は、その後、下降線をたどっていく。理由ははっきりしていた。日産・ルノー提携の最大のメリットであった「購買コスト削減」

効果が薄れてきたからだ。

「日産リバイバルプラン」において、日産は2年間で購買コストの20%、金額にして約6000億円もの削減を果たした。その原動力となったのが、ルノーとの部品の共同購買である。

プラットフォーム（台車）の共通化が進み、部品・資材の共同購入が両社合計の7割に達した。「コストカッター」の異名どおり、その後もゴーンは徹底的にコスト削減を推し進める。01年3月期には2870億円、04年3月期までに総額9420億円の購買コスト削減を達成。営業利益への平均寄与率はじつに40・2%にも達した。自動車販売ではなく、徹底したコスト削減によって利益を生み出す、これが、ゴーン流マジックの神髄である。

ところが、そのマジックが効かなくなってきていた。05年3月期には営業利益8612億円に対し、購買コスト削減は1310億円（寄与率15・2%）、06年同期は営業利益8718億円に対し、購買コスト削減1600億円（同18・4%）と、かつての勢いがなくなりつつあった。

さらに、ゴーン改革の徹底したコストカットが、品質の低下となって返ってきた。

日産は2003年10月30日、国土交通省にリコール（回収・無償修理）を届け出た。国内外で23車種、256万台という大規模なものだ。このうち国内のリコール対象はOEM供給している2車種も含め102万5702台。

リコールの元凶はエンジンの回転センサー。取り付けの際の充填剤の使用が不適切であったため、エンジン内部のハンダが変形し、エンジンが突然止まったり、かからなくなったりした。

問題は品質の低下だ、とライバルメーカーのエンジニアは分析していた。米国の調査会社ＪＤパワー・アンド・アソシエーツの「初期品質調査」で日産車は２００４年、37ブランド中32位と、前年の21位から大きく後退した。

車を所有後90日以内に起きた問題個所は１００台当たり１４７ヵ所で、成績は業界平均（１１９ヵ所）以下。他社の車の多くが問題個所を減らすなかで、日産車は逆に増やしてしまった。

ゴーンは、部品や原材料を納入する会社に20〜30％の値下げを要求した。自動車部品会社は安い部品・原材料を使うようになり、その結果、天井からは振動音が響き、ブレーキはキーキー鳴るなど部品の適合の精密さに欠けるトラブルが目立った、という修理工場の現場からの生々しい声もあった。

ゴーンは徹底したコストカットで日産の再生を果たした。だが、その代償が品質の低下となって表れたのでは元も子もない。品質の低下がゴーン改革の最大のウィークポイントとなっていた。

国内で日産車が売れなくなった

〝コストカッター〟ゴーンは、日産的なものをすべて切ったといっていい。車体に使う鋼板の供給先の絞り込み、部品サプライヤーの選別、持ち合い株式の売却、そしてセドリックやグロリア、サニーといった伝統的な車名を次々に廃止したこともそうだ。車名廃止について、こんなエピソードが残っている。

「昔、日産社長の愛人（筆者注：川又克二。第2章参照）で、その後、後添えになった芸者が紫色の着物が大好きだったのでバイオレットという車がつくられた。ゴーンになって車の名前が大きく変えられた。サニーなど有力ブランドを次々とやめてしまったのは、ゴーン色のクルマを世に出すためだった。サニーはティーダになった。ティーダはルノーで売っている車そっくり。開発部門にいた人たちは、『バイオレットよりひどいよな』と嘆いていた」（日産関係者）

日産的なものの切り捨てには、当然、副作用がともなう。日産の車が売れない大きな落とし穴が待っていた。1つは系列破壊の名のもとに切り捨てられた納入業者や下請業者。彼らが日産車のユーザーを紹介しなくなった。

2000年4月から鋼板の調達先を絞り込んだ。それまで高炉大手5社から調達してきたが、過去の取引や日産への貢献度をいったんゼロに戻し、発注先を絞り込んだ。その結果が当時の新日本製鉄60％、川崎製鉄30％、NKK（日本鋼管）10％のシェア割りとなった。

これに激怒したのが、NKKだ。NKKは日産と同じ富士銀行を核とする芙蓉《ふよう》グループで、従来は新日鉄、川鉄と調達シェアは横並びだった。

NKKのトップは、「日産の車は金輪際《こんりんざい》、買わない」と宣言した。NKKは関連会社や取引先が使う業務用の車輛に日産車を紹介してきたが、これもやめた。

02年に川鉄とNKKが合併してJFEホールディングスが誕生したが、ゴーンによる高炉絞り込みが引き金となったといわれている。

日産には、納入業者で組織する「晶宝会」と日産専属の下請け組織「宝会」があったが、これも選別された。切り捨てられた会社は、経営者から社員まで「日産の車になんか乗るものか」と日産車の購入も、紹介もやめた。

「ゴーンの強引なやり方に反発して、日産車ファンが次々と離れていった」（ライバルメーカーの販売担当役員）

国内で日産車が売れなくなったもう1つの理由に、ディーラー（販売会社）政策があった。これが販売不振の元凶だと販売会社の元経営者は打ち明けた。

「基盤管理という言葉が営業現場にはある。日産の平均的な営業マンは400軒の顧客を持っている。4年に1回、車を買い換えてもらうのが理想だが、それが6年、7年に延びても、車検や修理の機会ごとにケアすれば販社は食いつなげる。

基盤管理のデータは訪問販売のときに生きるのだが、ゴーン流のやり方は店頭販売重視だ。プッシュ（訪問販売）からプル（来る客を待って、捕まえる。客を引っ張るからプルだ）に全面的に切り替わった。これで販売会社の足腰が弱くなった」

国内販売の不振によって、コミットメント経営に黄信号が点滅しはじめた。

2007年度（08年3月期）の国内販売は前年同期2・5％減の72万1000台。08年度上半期（08年4〜9月）も同4・3％減の31万8000台だ。販売する車の数の減少にまったく歯止めがかからなくなった。

08年9月には石川県金沢市の日産サディオ石川など日産系販社3社が95億円の負債を抱え、民事再生法を申請した。国内販売の低迷は、ゴーン改革に対する痛烈なシッペ返しにほかならない。

ゴーン神話の翳り

2006年9月、「ゴーン神話」がまたひとつ崩れた。

前年4月からルノーのCEOを兼ねるゴーンによって進められてきた、日産自動車・仏ルノー連合と、米ゼネラル・モーターズ（GM）との提携交渉が決裂。日米欧にまたがり、世界の自動車マーケットの4分の1を握るかにみえた「大連合」構想はあっけなく潰《つい》えた。

ゴーンは明らかに焦《あせ》っていた。

兜町《かぶとちょう》では、ゴーンが交渉決裂というリスクを冒してまでGMとの提携に並々ならぬ意欲を示したのは、「日産自動車の株価維持が目的だったからではないか」との見方が根強かった。

販売台数のつるべ落としにともない、06年5月以降、日産の株価は急落、下げに歯止めがかからなかった。提携提案が発表される前の株価は1200円台を割り込み、7000円台をうかがうトヨタ、4000円前後をキープするホンダはもちろん、スズキよりもはるかに下である。

「可能な限り最高のリターンを約束する」と毎年のように株主総会でコミットメントしている以上、日産の早急な回復が見込めない状態においては、株価回復につながる〝何か〟が欲しいとゴーンが考えても不思議ではない。

ちなみに、交渉決裂が明らかになった10月5日の日産自動車株価（終値）は46円高の１３６９円。株主たちも、性急な「提携交渉」の胡散臭《うさん》さにうすうす気づいていたということだろうか。

日産は２００６年３月期まで６期連続過去最高益を更新していたが、２００７年３月期にゴーンのトップ就任以来、初の減益となった。「ゴーン神話」に翳《かげ》りが見えはじめた。

コミットメントの旗印を降ろす

ゴーンが社長になって９年。日産の経営に情熱を失ったことを示す象徴的な出来事が起きた。ゴーン改革の核心であるコミットメント（必達目標）の旗印を降ろしたのだ。

２００８年３月期の世界販売台数は３７７万７０００台。同年３月期決算の発表後に、ゴーンは全国紙の個別インタビューを受けた。同年５月15日付の朝日新聞のやりとりは、数ある「ゴーン語録」のなかでも傑作の部類に入る。再現してみよう。

――日産バリューアップで掲げた「２０１０年３月期に世界販売４２０万台」は必達目標ですか？
ゴーン：台数の必達目標はもう設定しない。状況によって変わるし、無理な販売策を招くからだ。４２０万台は不可能な数字ではないが、『指標』にとどめることにした。

――短期の利益の必達目標を経営計画に盛り込み、達成を目指す（コミットメントが）ゴーン流の経営スタイルでした。なぜ、やめたのですか？

ゴーン：正直言って、05－07年度の経営計画「日産バリューアップ」が社員を怖がらせ、不安にさせていると思うようになった。社員だけでなく役員も（笑い）。1年ごとの利益目標は公表するが、5年後の利益の必達目標をつくるのはやりすぎ。変動の激しい今の環境下では危険だ。予測困難なだけでなく、バッシング（批判）されるリスクを負うことになる。目標は達成できても、社員が不安に思ったら意味がない。

――社内向けには「売上高営業利益率8％以上」という目標を掲げました。

ゴーン：必達目標は、外部からはなぜ未達なのかと批判されやすい。9年に1回しかミスしなくても、ミスだけが注目される。（減益だった）06年度に学んだことだ。未達が嫌なら目標を控えめに設定するしかないが、そうすると成長できない。社内目標にすれば社員は（ストレスを）感じなくなる。会社が適切に進歩しているなら、時には未達だっていい。

コミットメント経営の本家といえるゴーンが、その見直しを口にしたのだから、ゴーンの心酔者たちは驚いた。

「リバイバルプラン」を達成して名声を高めたが、ゴーン改革の総決算ともいえる『日産バリューアップ』の数値目標は達成できていない。大見得《おおみえ》を切った手前、達成できなければ、責任をとって辞めなければならない。だから、コミットメント経営の旗を降ろした。（マミコミに）ガタガタ言われることが、ゴーンは大嫌いだった」（日産の元幹部）

コミットメント経営をやめた理由を、「社員を怖がらせ、不安にさせる」からとしたのは、あくまで口実にすぎない。ホンネは、自分が「バッシングされる」のが怖かったのだ。

数値目標が消えた

２００８年５月、４番目の中期計画「日産ＧＴ２０１２」が発表された。「成長（Growth）」と「信頼（Trust）」の実現を目指し、２００８〜13年の５年にわたる計画である。

Ⅳ　日産ＧＴ２０１２（２００８年４月１日〜２０１３年３月31日まで）

①最高水準の品質の実現。
②ゼロ・エミッション車の領域で世界のトップに立つ。
③２００８年度から12年度の５年間で売上高を平均５％増大させる。

ゼロ・エミッション車とはエコカーのこと、すなわち10年度に投入する電気自動車「リーフ」である。だが、「日産ＧＴ２０１２」からは、これまでのような詳細な数値目標が完全に消えた。販売台数の数値目標もない。

産経新聞とのインタビュー（２００８年５月14日付）で、ゴーンは最終年度となる13年３月末には、世界販売台数は５００万台の大台に乗せるとの見通しを示した。ここでも、これはコミットメントではなく、あくまで「指標」だというのだ。

コミットメントを達成できなかった役員・幹部社員をゴーンは例外なく辞めさせている。コミットメントを達成できずにいて、辞めないのはゴーン１人だけだ。

これはぜひとも憶えておきたい事実だ。

コミットメントの旗印を降ろしたのは自己保身だと批判されても、弁明できないだろう。

コミットメント経営の本家本元といえるゴーンの変節に、ゴーン支持者たちはびっくりした。だが、不幸なことに、ルノーのＣＥＯを兼ねるゴーンにコミットメントの未達の責任を問える人間はいなかった。

２００８年秋のリーマンショックで、自動車業界は１００年に一度という大不況に陥った。金融危機、景気後退、円高に見舞われ、日産の２００９年３月期の最終損益は２３３７億円の巨額赤字となり、無配に転落した。最終赤字は９年ぶり、ゴーン体制になってから初めての赤字転落だった。

つづく２０１０年同期も無配を継続した。ゴーン神話は、もはや過去のものとなった。

「日産ＧＴ２０１２」は中断となり、代わりに再建計画「リカバリープラン」（２００９～10年度）を実施した。労務費20％削減、2・5万人の大規模リストラなど、ゴーンお得意の厳しいコストカットで、2011年3月期には営業利益5374億円へと、再びV字回復を果たす。

ゴーン自身は、すでに日本市場への関心を失っていた。もう一歩、踏み込んだ言い方をすると、車をつくることにも、売ることにも興味がないのだ。

昔のゴーンは家族揃って、東京・代官山でみそラーメンを食べて、親日ぶりをアピールしていた。しかし、家族は、とっくに日本を離れた。当初は1年の3分の1は日本にいたが、その後滞在日数はどんどん減っていった（最新情報ではふた月に数日間だったという）。

ゴーンは成長が見込めない日本市場に対する情熱も意欲も失ってしまった。

東日本大震災で生産停止

2011年3月11日、東日本大震災が発生した。過去最大規模となった地震は日本の自動車産業に大きなダメージを与えた。

日産は国内の5工場の操業を停止した。「リーフ」など完成車を生産する主力工場の追浜《おっぱま》工場（神奈川県）、高級車やスポーツ車を生産する栃木工場のほか、エンジンを生産する横浜工場、新世代エンジンであるVQエンジン専用のいわき工場（福島県）、「セレナ」など完成車を生産する九州工場（福岡県）が生産を停止した。

4月18日、いわき工場での生産を一部再開、国内の全5工場での生産体制を再構築した。だが、部品の不足は解消されず、操業率は軒並み5割程度。夏場は電力不足による減産も予想され、厳しい局面がつづいた。

自動車業界では2007年の新潟県中越地震により、大手ピストンリングメーカー、リケンの工場が被災。エンジン製造に欠かせないこの部品の供給が止まり、完成車メーカーが生産停止に追い込まれた。今回はこのときよりはるかに深刻だった。

震災前の2011年2月に発表した同年3月期の連結業績の見通しは、リーマンショック前の水準に戻る途中にあることを示していた。売上高は前期比17・1%増の8兆8000億円、本業の儲けを示す営業利益は71・7%増の5350億円、純利益は7・4倍の3150億円の見通しだ。営業利益率は6・0%と10年同期の4・1%から大きく改善する、とした。

業績のV字回復を印象づける好決算が期待されるなかで、東日本大震災が発生した。大打撃は避けられない、とアナリストたちは予想した。

ところが蓋を開けてみると、2011年3月期の売上高は8兆7730億円、営業利益は5374億円、当期利益は3192億円。利益面では当初見込みを上回る好決算となった。ただ、震災関連の特別損失を396億円計上した。

5月12日の決算発表の席上でゴーンは「世界の販売台数は今期（12年）、さらに伸びると想定している」と、超強気の見通しを明らかにした。2011年の世界販売台数はその前の期比19％

増の418万5000台。過去最高だった。

2011年1月に中国に投入した新型「サニー」が好調なことなど、新興国の需要の拡大で国内の落ち込みを補ったのである。

自動車業界の覇権《はけん》を目指すゴーンにとって、大震災は痛烈な一打となると見られていたが、それを覆したのが中国だ。中国はゴーンの〝時の氏神〟となった。

中国政府の後ろ盾を得て中国に進出

ゴーンは強運の持ち主である。日産の巨額赤字による無配転落、仏ルノーの産業スパイ事件（第4章参照）など、失脚しても不思議ではない出来事に何度も遭遇したが、切り抜けてきた。

リーマンショック後、自動車業界の潮流が変わった。次の時代のキーワードとなったのが電気自動車（EV）と中国である。EVと中国を制した者が、世界の自動車業界の覇者《はしゃ》となる。

ゴーンは、この2つの〝神風〟を見逃さなかった。時代を読む嗅覚はじつに鋭い。すばやくEVと中国に軸足を移した。

もっとも、これは後講釈《あと》である。EVと中国に活路を求めるしか道がなかったということだ。コスト至上主義のゴーンは、鶴の一声でハイブリッド車の開発もやめてしまった。トヨタ、ホンダの敵ではなく、日米欧の先進国市場では敗北を重ね、もはや日産に勝ち目はなかった。起死回生策として、EVに取り組み、中国市場にシフトしたのである。

日本経済新聞に連載した『私の履歴書』（以下『履歴書』と略）は『カルロス・ゴーン 国境、組織、すべての枠を超える生き方』（日本経済新聞出版社）に収録されている。『履歴書』から引用する。

〈日産自動車は世界最大の自動車市場、中国への本格参入が遅かった。中国企業との合弁会社、東風汽車を設立したのは２００３年だ。

１９９０年代から中国では車を販売していた。だが、市場の潜在性に本当に気づいたのは２０００年ごろだった。人口12億人の中国も当時は新車市場が２００万台しかなく、千人あたりでみれば日本の６００台に対し、わずか10台にとどまっていた。近い将来、爆発的に伸びるのは確実だった。

トヨタ自動車やホンダは90年代に足がかりを築いていた。だが、日産は経営再建のさなかにあり、後手に回らざるを得なかった。

準備を始めたのは日産リバイバルプランが始まる直前の00年2月だ。東京・銀座の旧本社執務室で、後にCOOになる経営企画担当の志賀《しが》俊之《としゆき》さんに指示をした。

「V字回復」といわれた02年だった。私は当時の中国副首相、呉《ご》邦国《ほうこく》氏に面会する機会を得た。本格進出をめぐり、質問や提案を色々しようと考えていた。だが、機先を制したのは呉さんだった。

「ゴーンさんは日産を再生させた。実は中国では今、国営メーカーの東風が困っている。再建に協力してもらえないか」
予想外だった。中国で工場をつくるには現地企業と車種ごとに合弁会社をつくる必要がある。だが、我々は他社とは違い、どんな車でもつくれる合弁会社を中国政府から認められたのだった。プロジェクトは一気に1千億円を超える大きな規模になった〉（注3）

日産が、中国の自動車メーカー東風汽車公司との合弁会社、東風汽車有限公司を設立したのは2003年の夏である。ホンダは1999年に、トヨタは2002年に、合弁会社で現地生産を開始していた。

東風汽車はホンダやトヨタのように車種ごとの合弁会社ではなく、中国政府のお墨付きを得た、どんな車でもつくれる合弁会社である。出遅れを取り戻すため、一気に巻き返しを図った。2003年からの4年間で、1900億円の設備投資を行った。

日米欧の大手メーカーが、国内や北米で発売済みのモデルを中国に投入するなか、日産は中国向けに独自に開発したクルマを同国のモーターショーで初めて発表し、時間をおかず売り出して中国重視の姿勢を鮮明にした。

リーマンショックに沈んだ日産を救ったのが東風だった。トヨタ、ホンダは中国の合弁会社を持ち分法の適用会社としていたため、どんなに合弁会社の事業が好調でも、持ち分法による利益しか本体の業績には寄与しない。一方、日産は合弁会社の過半の株式を握り、連結決算の対象に組み入れていたため、ストレートに日産本体の業績に反映することができた。

もし、合弁会社の業績が悪化すれば、日産の営業利益にモロに響くリスクは高いが、遅れて参入したゴーンは背水の陣で中国市場に臨むしかなかった。

トヨタ、ホンダが所得水準の高い人が多く住んでいる沿岸部に販売店を配置したのに対して、日産は内陸部（奥地）にまで店を構えた。内陸部の所得が上がったことが日産車の売れ行きに大きく貢献した。結果オーライであった。

中国政府の後ろ盾を得たことが、日産が中国で勝った最大の要因である。

沈む日産を救った中国市場

反日運動の高まりのなか、先発のホンダとトヨタが足踏みをつづけたが、中国の会社（現地法人）がつくった中国人のためのクルマを前面に押し出した日産は、快走をつづけた。

２０１０年（暦年）の中国の新車販売台数は前年比32・４％増の１８０６万台と過去最高。２年連続で米国を抜いて世界一となった。

首位は米ゼネラル・モーターズ（ＧＭ）の２３５万台。２位は独フォルクスワーゲン（ＶＷ）の１９２万台。日本勢では日産が前年比35・５％増の１０２万台と、初めて１００万台の大台を突破した。トヨタは同19％増の84万台、ホンダは同12％増の65万台だった。

日産の２０１０年の世界での販売台数は同21・５％増の４０８万台。４００万台を超えたのは初めてである。5年ぶりにホンダを抜いて国内で2位に返り咲いた。

日産の躍進をもたらしたのは、もちろん中国だ。中国の販売台数102万台は、米国の90万台、日本の64万台を大きく上回った。2004年時点で、日産全体の3%にすぎなかった中国での販売台数は、いまや25%にまで拡大した。

ゴーンは2011年の中国での目標販売台数を115万台に設定した。震災後も中国での生産を維持して、目標達成に強気の姿勢を崩さなかった。

ゴーンが2000年に社長に就任してからの業績のV字回復は、彼が最も得意とするコストカットの賜物《たまもの》である。赤字を前倒しで計上して、絵に描いたようなV字回復を演出した。だから、ゴーン・マジックと呼ばれる。だが、今回のV字回復は、皮肉なことに、彼があまり得手《えて》としていないクルマを売ることで達成された。

その後も中国販売台数は伸びつづけ、18年の販売台数は156万台（前年比3%増）と、日系メーカー首位を保っている。中国のユーザーが日産の屋台骨を支え、中国市場はドル箱となった。

EV「リーフ」は大苦戦

日産とルノーのトップに就くゴーンはEVを次世代自動車の主役と位置づけ、その開発に5000億円を投入。世界のメーカーに先駆け開発に取り組んできた。2010年12月、日本と米国で世界初の量産型EV「リーフ」を発売。11年にゴーンは「16年度までにルノーと合わせ150

万台を販売する」と宣言した。

だが、日産のＥＶは売れていないのだ。日産・ルノー・三菱自動車の３社連合の２０１０年から18年までのＥＶの累計販売台数は72万４９０５台にすぎない。ＥＶは日産の戦略カーのはずだが、大苦戦しているのは明らかだった。

日産とルノーは、ＥＶを世界で累計１５０万台販売する目標の達成時期を４年遅らせ、２０２０年度（21年３月末）に変更したが、これから３年間で70万台以上を売らなければならない。達成不可能な数字かもしれない。

2期連続の下方修正、業界で一人負け

２０１１年６月に策定された５番目の中期計画は「日産パワー88」である。

Ｖ　日産パワー88（２０１１～16年度）

①グローバル市場占有率８％。

②連結営業利益率８％。

２０１６年度（17年３月期）までの５年間で「世界シェア８％、連結営業利益率８％」を目指す「パワー88」は、当初から達成が危ぶまれていた。日産自の幹部は「利益率８％の達成はコミ

ットメントという意識だが、グローバル市場シェア８％は、どちらかといえば努力目標」と打ち明けた。

「パワー88」発表時、ゴーンは「（２０１６年度までに）グローバルな市場占有率を２０１０年度の５・８％から８％に伸ばすと同時に、売上高営業利益率を２０１０年度の６・１％から８％に改善し、その後、維持していく」と順番をはっきりと明示した。

つまり、日産は利益とシェアの二兎は追えない状況ということなのだ。無理に販売台数を増やせば利益率が下がるわけで、日産の経営のハンドルさばきは、いっそう難しさを増した。

日産は２０１３年11月１日、13年９月中間決算（４〜９月）を発表した。本業の儲けを示す営業利益は２・６％減の２２１９億円だった。

欧州が１６５億８７００万円の営業赤字（前年同期は１４０億円の黒字）、中南米や南アフリカなどその他の地域は合計で１８６億７２００万円の営業赤字（同46億円の黒字）。中国などアジアは３割の営業減益。北米は販売が好調で売り上げは36％増だったが、リコール費用がかさみ７％の営業減益だった。日本は営業利益が２倍になったが、他地域の赤字&減益をカバーできなかった。

その結果、14年３月期連結決算（日本基準）の業績予想の下方修正を余儀なくされた。売上高は従来予想（５月時点）より１８００億円少ない10兆１９００億円（前年同期比16・６％増）。

営業利益は1200億円少ない4900億円（同11・7％増）、最終利益は650億円少ない3550億円（同4・1％増）にそれぞれ引き下げた。通期の業績見通しの下方修正は2期連続だ。自動車業界で一人負けの様相を呈していた。

欧州での販売低迷や、インドやロシア、ブラジルなど成長市場と位置づけている新興国の景気が減速し、販売が思うように伸びなかった。世界販売台数の予想も従来より10万台少ない520万台とした。

決算発表後の最初の取引となった11月5日の東京株式市場で日産の株価は前週末比12％安の850円と急落した。7ヵ月ぶりの安値である。ドル箱の北米で7％の営業減益になったことへの失望の表れだ。ドイツ証券をはじめ多くの証券会社が投資判断を引き下げた。

ゴーンは「リコールやメキシコ工場の立ち上げ費用などが営業減益の理由」と述べた。業績の下方修正を受けて株価は急落したが「（日産の）クルマに競争力がないという本質的な問題への（投資家の）懸念《けねん》」（外資系証券会社の自動車担当アナリスト）である。

部品の共通化を進めすぎたため、独創性に欠けるクルマばかりになったとの指摘もあった。根本的な問題は「販売台数の増加にこだわりすぎている。目標に拘泥《こうでい》するあまり、過度に兵站《へいたん》線が拡大して、本来の力を十分に活かせない悪循環に陥っている」（同前）。

ゴーンのコミットメント経営が北米の営業減益の原因だとすれば、日産の業績が再びV字回復することはない。業績低迷の責任を負わなければならないのはゴーン自身である。

だが、業績不振のため解任されたのは、ナンバー２である志賀俊之最高執行責任者（ＣＯＯ）とコリン・ドッジ副社長だった。

志賀は副会長となり、ＣＯＯ職は廃止された。これでゴーンＣＥＯへの権力集中体制が強化された。新体制では西川廣人副社長がナンバー２となった。

２０１４年３月期決算では、円安の追い風に乗って自動車メーカーの増益幅は大きくなった。トヨタを筆頭にスズキ、マツダ、富士重工業、三菱自動車、ダイハツ工業の６社が、税引き後利益で過去最高の数字を弾き出した。大手自動車メーカーで唯一《ゆいいつ》日産だけが、期初に発表した業績見通しを引き下げ、２期連続で下方修正に追い込まれたのだ。日産の一人負けだった。

さすがのゴーンも２０１４年３月期決算については「円安で利益を確保した」と説明せざるを得ない数字に終わった。本業の儲けを示す営業利益４９８３億円のうち、円安による増益効果が２４７６億円あり、半分を占めた。

規模拡大路線がもたらす日本市場軽視

ゴーンは相変わらず強気一点張りだった。２０１４年５月、15年３月期の決算見通しで、「世界シェアで過去最高の６・７％を目指す」と宣言した。日産の世界販売台数も前期比８・９％増の５６５万台と過去最高を狙うという。大手メーカーは世界市場の成長率を１～２％増に置いており、日産だけがガンガンの強気だった。

「これまでの教訓を生かし強固な予想を打ち当てた。市場環境の急変などがない限り、実現に自信を持っている」とゴーンは強調したが、株式市場（マーケット）は懐疑的だった。

強気の根拠になっているのは30年ぶりに復活する「ダットサン」の新型車など10車種を投入するからだ。メキシコ、ブラジル、インドネシア、中国などでの新工場の稼働も寄与する、としていた。

15年3月期のグローバル販売台数は前期比2・5％増の532万台。一方、日本は同13・3％減の62万台と大きく落ち込んだ。国内の生産台数も「死守する」といってきた100万台を割り込んだ。新興国などでの現地生産の拡大にともない日本からの輸出が減るほか、14年4月からの消費増税前の駆け込み需要の反動があった。

「100万台割れ」は日本の自動車輸出が本格化した1960年代以降で初めてとなる。世界市場で販売台数を増やす規模拡大路線の結果、日本市場の比重は相対的に軽くなっていった。

ゴーンは絶対表情には出さないが、焦っていた、という関係者の証言がある。先駆者と自負しているEVが思ったように伸びず、米国ではテスラ・モーターズなどに脅かされていた。2016年3月に発売のテスラのEV「モデル3」は予約が1週間で30万台を突破。日産のEVの累計の世界販売台数（16年末で25万台）を超えてしまった。これでゴーンの危機感はピークに達し、

「三菱自動車はなんとしてでも取る」となったというのだ。

隠蔽体質の三菱自動車

三菱自動車工業（以下、三菱自動車）は１９７０（昭和45）年４月、三菱重工業の自動車部門が分離・独立してスタートした。三菱財閥の創業１００年事業としてグループ内に自動車会社をつくったのである。

三菱グループの自動車生産の歴史は、旧・三菱造船（三菱重工の前身）が１９１７（大正６）年につくった国産初の乗用車「三菱Ａ型」にまでさかのぼる。自動車会社としての歴史は欧米のメーカーに比べても遜色《そんしょく》はない。だが、三菱重工の一部門であったため、トラック、バスなどの商用車メーカーの性格が強く残り、乗用車では決定的に出遅れた。

トヨタ、日産の牙城をどうすれば崩せるか。１９６９年に三菱重工社長に就任した牧田《まきた》與《よ》一郎《いちろう》は大きな賭けに出た。米ビッグスリーとの提携である。

三菱自動車が産声《うぶごえ》を上げた翌年の71年に、米クライスラーが15％資本参加した。外資導入をテコにした自動車会社の誕生は三菱が最初である。１９９３年までクライスラーと資本提携していた。

２０００年からドイツに本拠を置くダイムラー・クライスラーと資本提携関係になった。ダイムラー・クライスラーから34％の出資を受け入れ、その傘下《さんか》に入った。両社の売上高はトヨタを抜いて3位となった。

三菱自動車は、三菱グループが丸抱えした。御三家である三菱重工は研究・開発、三菱銀行(現・三菱UFJ銀行)は資金、三菱商事は海外展開を担った。顧客はオール三菱である。

三菱グループ企業の社員は「バイ三菱」と称して三菱車を優先的に購入した。「バイ三菱」とは、三菱各社が率先して三菱グループの製品を買うことを指す。

最高級車「デボネア」(1999年まで生産)は、三菱グループ企業の本社が集中する東京・丸の内の〝三菱村〟でしか走っていない重役専用車だった。一昔前までは、スリーダイヤ企業の社宅の駐車場には、三菱車以外の車は駐車させないという暗黙の了解があった。

三菱トラックのおもなユーザーは三菱グループの工場や取引先。乗用車はグループの社員が買ってくれる。営業努力をしなくても、毎年一定の売上げが確保できた。三菱グループにおんぶにだっこだから、グループ企業にだけ顔を向けていればなんとかなるという内向きの経営体質になってしまった。

その三菱自動車は不祥事のデパートみたいなものだった。2000年、リコール隠し問題が発覚し、その後も2002年にトラックタイヤの脱輪による母子3人死傷事故、2004年にはまたしてもリコール隠しが明らかになった。

不祥事が起こるたびに指摘されてきたのが、度《ど》し難《がた》いまでの隠蔽《いんぺい》体質だ。

明治時代に政商から出発し財閥を形成した三菱は、政府から軍備を一手に引き受ける軍需産業として巨大化した。有名な戦闘機、「ゼロ戦（零式艦上戦闘機《れいしき》）」は三菱製だ。

「三菱は国家なり」。戦後、三菱重工業は防衛産業の雄として君臨した。明治、大正、昭和、平成の4代にわたり国家とともに歩んできたというのが三菱のプライドである。スリーダイヤは、大三菱が誇るシンボルマークだ。

国家相手のビジネスだから、情報は徹底的に秘匿《ひとく》した。すべての情報を隠蔽するという三菱重工のDNAをしっかり引き継いでいるのが、重工の嫡子《ちゃくし》にあたる三菱自動車だった。

相次ぐ不祥事に、2005年にダイムラー・クライスラーは資本提携を、突如、解消した。再び、三菱グループが丸抱えせざるを得なくなった。だが、2016年にまたもや軽自動車の燃費データの不正が発覚した。燃費データ不正で新車販売台数が半減するなど、三菱自動車はあっという間に奈落の底に突き落とされた。三菱自動車の株価は急落し、「創業以来の経営危機」（三菱グループ首脳）に陥ったのである。

三菱自動車を傘下に収める

2016年5月、日産と三菱自動車は戦略的アライアンスに関する覚書を締結したと発表した。日産が2373億円を投じ三菱自動車の34％の株式を握り、筆頭株主になる。34％というところがミソだ。34％を握れば株主総会で合併や定款《ていかん》の変更などの重要事項を単独で否決できる拒否権を得ることになり、実質的に傘下に収めることができるわけだ。

ルノーの子会社が日産自動車で、日産はルノーの植民地だ。三菱自動車は、その日産の傘下に入る。ルノーが三菱自動車のいいとこ取りをすることになるわけだ。

ルノー・日産グループに三菱自動車の世界販売台数が加わると販売台数は959万台となる。トヨタ（1015万台）、VW（993万台）、GM（984万台）に次いで世界第4位の地位が確かなものになる（いずれも2015年の販売実績）。

今後、世界の自動車マーケットは〝1000万台クラブ〟のメンバー企業が覇《は》を競うと見られた。トヨタ、VWは1000万台を売った実績があり、GMも手が届きそうだ。三菱自動車を傘下に収めた日産も〝1000万台クラブ〟に仲間入りする環境が整う。

この年の4月、三菱自動車が軽自動車4車種の燃費データを改竄《かいざん》していたことを公表した。この不正は日産の指摘で発覚した。三菱自動車がOEM（相手先ブランド生産）で日産の軽自動車を生産していたのだ。日産がこの重たい事実を伝えたのは前年秋だったとされる。

関係者によると、日産自動車は16年に入ってすぐ、少人数のタスクホースを編成、「三菱自動車を買収する場合のシミュレーション」をおこなってきた。周到に作戦を練《ね》り、三菱自動車を買い叩いたということだ。切羽《せっぱ》詰まっていた三菱自動車との交渉は短期間のうちにまとまった。

ゴーンが三菱自動車を傘下に組み入れた狙いは何か。

それまでOEM供給を受けていた水島製作所（岡山県）の軽自動車の生産設備とタイなど東南

アジアでの三菱自動車のシェアが欲しかった。それが取れるのなら、2300億円出してもお釣りがくる。

また、三菱自動車は東南アジアに複数の生産拠点を持ち、世界販売台数の3割をアジア地域で売っている。これに対して日産はわずか1割だ。弱点だった東南アジア市場のテコ入れを図れる。世界販売1000万台を目標にするゴーンにとって、三菱自動車は格好の獲物だった。

日産から会長を含めて4人の役員が派遣され、11人の経営陣（ボード）の3分の1を制する。三菱自動車の会長にはゴーンが就任した。ゴーンはルノー、日産、三菱自動車の3社連合のトップに君臨した。

17年ぶりのトップ交代

2017年2月23日、日産は4月1日付でカルロス・ゴーンが社長を退き、後任社長に共同最高経営責任者（CEO）の西川廣人が就任するトップ人事を発表した。ゴーンは2000年6月から社長を務めており、17年ぶりのトップ交代。ゴーンは代表権のある会長に専念することになった。

西川は16年11月から共同CEOとなり、日本には、多くても年間100日もいないゴーンを補佐してきた。西川は62歳のゴーンより1歳年上であり、若返りにはならない。

17年6月、5番目の中期計画「パワー88」は目標未達で終わったことが明らかになった。20

17年3月期の連結業績によれば、グローバル市場占有率は6・1％、営業利益率は6・3％と、いずれも目標の8％にはおよばなかった。
目標は6番目の中期計画「M.O.V.E. to 2022」（17〜22年度）に引き継がれることになった。

日産など3社連合は2018年1月30日、17年の世界販売台数が1060万8366台になったと発表した。初めて年間販売台数が1000万台を突破し、VW（1074万1500台）に次ぐ世界2位となった。

日産・三菱BVの会長兼CEOであるゴーンは、「（3社連合は）17年（暦年）に1060万台以上の乗用車や商用車を世界で販売した。VWと違い大型トラックは含んでいない。われわれこそが世界一だ」と強調した。

ゴーンの〝世界一発言〟の真意は、「ルノーのCEO退任後も、3社連合の経営を統括するポジションを新設して、ひきつづき君臨するための意思表示」（日本の自動車メーカーのトップ）と受け止められた。

そして2018年11月19日、ゴーン逮捕の衝撃が走ることとなる。

国内販売台数は2位から5位に後退

ゴーンが君臨した19年間（1999〜2018年）で、日産の国内販売は盛衰をたどった。

新車販売台数は１９９９年度（２０００年３月期）の76万台から２００４年度（05年３月期）は84万８０００台に増え、第3位のホンダを引き離した。

その後は、海外市場を重視するあまり、日本市場は後回しとなった。ゴーンがルノーの最高経営責任者（ＣＥＯ）を兼務した２００５年頃を境に、国内販売は低迷期に入る。

２０００年代以降、国内向けの新車や全面改良車の投入が減少。14年から2年連続で新型車を出せなかった。これはかなり異常事態だ。

国内のブランド別の販売シェアは2位から5位に転落し、12年からは国内販売台数は5位に定着したままだ。

ただ、日本市場でも変化の兆《きざ》しはある。２０１８年の車名別国内新車販売台数は、日産の小型車「ノート」が13万６３２４台を記録し、登録車（軽自動車を除く）部門で同社として史上初の年間首位を獲得した。2位のトヨタ自動車のハイブリッド車（ＨＶ）「アクア」（12万６５６１台）を1万台ほど上回り、統計の残る68年以降で初めて日産車がトップに立った。

16年11月に発表した独自の技術「ｅ－ＰＯＷＥＲ」の搭載モデルが好評で、ミニバン「セレナ」も4位だ。ノートとセレナの好調の原動力となった「ｅ－ＰＯＷＥＲ」は、エンジンは発電のみに使い、電気自動車のようにモーターだけで走る。ガソリンを給油すれば、ＥＶのような力強く静かな走りができる特徴が幅広い顧客層に浸透したようだ。

だが、ゴーン前会長に関する一連の問題が影を落とす。18年12月の日産の軽自動車を含めた新車販売台数は、前年同月比2・8％減の3万6888台と5ヵ月ぶりに前年を割り込んだ。17年12月は無資格検査の問題で16年同月から2割近く減っていたにもかかわらず、さらに落ち込んだ。

日産の2019年3月期の決算の最終損益は、米国事業の不振で、前期比33％減の5000億円と減益の見込みだ。国内販売の落ち込みで、業績のさらなる下方修正の可能性がある。

ここへきて、EV関連のイベントを延期するなど、ゴーン逮捕の影響が出はじめた。社長の西川は、「日本発の日産ブランドの価値が、海外市場によい波及効果を起こしている。日本市場がより重要だ」と国内回帰ともとれる発言をはじめた。

ゴーン逮捕、それにつづく経営の混乱によるブランドイメージの悪化が中長期的に販売におよぼす影響は読めない。2015年に発覚した独フォルクスワーゲンの排ガス規制不正問題で、ディーゼル車離れが進んだことは記憶に新しい。ゴーン逮捕がプラスに働くことはない。

第2章　2人の天皇の君臨

――川又克二・塩路一郎

日産自動車創業前史

日産自動車が往年の名車やレーシングカー約300台を展示する「日産ヘリテージコレクション」（神奈川県座間市）が人気スポットになっている。広いガレージには歴代の日産車がずらり。コレクションで最も古いのは「ダットサン12型フェートン」。日産自動車が創業した1933（昭和8）年に製造された日産最古のモデルだ。

当時、日本の自動車市場はフォード、GM、クライスラーのビッグスリーに席巻されていた。政府は国産乗用車振興策を打ち出したが、三菱、三井、住友の三大財閥は、乗用車への本格進出はリスクが高すぎると尻込みした。

混沌《こんとん》とした情況のなか、パイオニア（革新者）が現れた。鮎川《あいかわ》義介《よしすけ》と豊田《とよだ》喜《き》一郎《いちろう》である。

鮎川は1933年、自動車製造株式会社を設立、豊田は同年、豊田自動織機《しょっき》製作所（現・豊田自動織機）に自動車部を設けた。

今日《こんにち》の日産自動車とトヨタ自動車である。

鮎川義介の名は日産自動車の創業者として名高い。1880（明治13）年11月6日、山口市に生まれた。1903年、東京帝国大学工科大学機械科を卒業した鮎川はエンジニアを目指した。

少年時代に、母方の大叔父である維新の元勲《げんくん》、井上馨《いのうえかおる》から「これからは技術の時代だ」との薫陶《くんとう》を受けた。井上から勧められた三井財閥入りを断り、芝浦製作所（現・東芝）の現場作業員となった。

当時の最先端だった鋳物《いもの》技術を習得するため、日露戦争が終わった１９０５（明治38）年に米国に渡った。鮎川は週給５ドルの見習い工として、鋳物工場の親方の家に住み込んで働いた。溶けた鉄を取鍋《とりなべ》に受け、駆け足で鋳型《いがた》に運んで湯継ぎをした。足にやけども負った。

帰国後、日本に鋳物技術を移転しようと１９１０（明治43）年、井上馨の支援を受け、福岡県遠賀《おんが》郡戸畑《とばた》町（現・北九州市戸畑区）に戸畑鋳物（現・日立金属）を創設。社長ではなく専務取締役技師長を名乗った。

昭和の新興財閥といわれた日産コンツェルンへのかかわりは、偶然の産物といえる。

１９２８（昭和３）年、義弟・久原房之助《くはらふさのすけ》が経営する久原鉱業の社長に就任した。政友会総裁の田中義一《たなかぎいち》（のち首相）から、経営が破綻《はたん》状態になっている久原鉱業の再建を懇請され、渋々引き受けた。久原鉱業を日本産業と社名を改め、持ち株会社とし、傘下《さんか》に日本鉱業、日立製作所、戸畑鋳物を持つ、日産コンツェルンを形成した。

一方、戸畑鋳物は、ダット自動車と石川島自動車の合併に際し、ダットの工場設備を買い取り、ダットサン自動車の製造権を得ていた。

ダットサンの名前は、１９１４（大正３）年、快進社が「ダット１号車」を製造したことに由来する。ＤＡＴ（ダット）は快進社への出資者３人のイニシャルから取られ、ＤＡＴの「息子」を意味する「ＤＡＴＳＯＮ」が生まれた。だが、「ＳＯＮ」は損を連想させるため、発音が同じで太陽を意味する「SUN」に替え、「DATSUN（ダットサン）」と命名された。

1933（昭和8）年12月、持ち株会社日本産業と戸畑鋳物の共同出資（資本金1000万円）で、自動車製造株式会社を設立。初代社長に鮎川義介が就任。「ダットサン12型フェートン」の製造をはじめた。フェートンは4人乗りの折りたたみ式のオープンカーである。

1934年6月、社名を日産自動車株式会社とした。日本産業から2文字をもらい日産自動車とした。資本は日本産業、技術と工場設備は戸畑鋳物が現物出資してスタートを切った。

持ち株会社は、事業ごとに資本の効率化を追求する米国型の企業組織である。1937（昭和12）年の時点で日産コンツェルンの株主数は10万人を上回り、既存の三大財閥をしのぐ規模にのしあがっていた。

鮎川は、満州事変以降、軍部に積極的に協力した。旧・満州（現・中国東北部）に軍部が打ち立てた満州国に、日産グループをそっくり移した。しかし、日本は太平洋戦争に負け、鮎川は満州での事業や利権のすべてを失った。

戦後、鮎川を待ち受けていたのは戦犯の容疑。2年間、巣鴨拘置所（巣鴨プリズン）暮らしを余儀なくされ、日産グループの経営からも退いた。

公職追放、大労働争議からの再出発

1945（昭和20）年8月15日、太平洋戦争は終わった。

廃墟から繁栄へと移行する戦後10年余の時期に、技術、組織、経営はドラスチックに変わった。占領軍による財閥解体、経営者の公職追放。財閥家族、財閥企業役員と戦争に協力した大企業の役員、6000人近くが退職した。

日産自動車では鮎川義介をはじめ経営トップが公職追放された。

大企業は労働運動の拠点と化し、労働争議が頻発した。

この時期、金融機関から労組争議を収束させるための〝首切り人〟として送りこまれた人物のなかから、戦後を代表する経営者が誕生した。

帝国銀行（財閥解体で三井銀行から商号を変更）が東芝の〝首切り人〟に選んだのは、第一生命保険社長を務めた石坂泰三《いしざかたいぞう》である。大量の人員整理で、労働争議を終結させた。東芝の労働争議を解決した石坂は第2代経済団体連合会（経団連）の会長に就き「財界総理」と呼ばれた。

日産自動車の戦後は、一大労働争議からはじまった。

1953（昭和28）年7月に会社側が組合の賃上げ要求を拒否し、組合活動の制限と課長の非組合化を打ち出したことから、100日間もの大争議（いわゆる日産争議）に突入した。当時、自動車メーカーでは総評（日本労働組合総評議会）系の全日本自動車産業労働組合（全自動車）が活発な活動をつづけていた。日産大争議を鎮圧して経営者の座を射止めたのが川又克二《かわまたかつじ》である。

日産を狂わせた暴君たちの抗争

〈一九八六年（昭和六一）三月、日産の前会長の川又克二は動脈りゅうを患い、危篤《きとく》状態で病院に急ぎかつぎ込まれたが、一週間後八一歳で死去した。日本の新聞は、彼は日本の近代自動車産業の生みの親の一人だった、と誉め称えた。葬儀・告別式は、家族や親しい友人のためのプライベートのものと、大がかりな公式のものと二度行われた。

葬儀の責任者は、川又の仕事の上での最も親しかった仲間であり、川又の権力の源泉だった塩《しお》路《じ》一郎《いちろう》を招待するかどうかで頭を悩ませた。普通なら塩路は公式の告別式で弔辞《ちょうじ》を読んでもおかしくない。しかし、これはまずい。塩路は最近権勢を失っており、経営陣は彼の参列を望まなかった。日産会長の石原《いしはら》（俊《たかし》）は代理人を通じて、参列したら『フォーカス』や『フライデー』のカメラマンに追い回されるだろう、と塩路に警告した。

塩路はこの警告を受け入れ、川又の火葬の場にだけ参列した。しかし、告別式で弔辞を述べた人たち、興銀の中山素平《なかやまそへい》や経団連の稲山嘉寛《いなやまよしひろ》、日産の石原らは、いずれもいろいろの意味で故人のライバルであり、しばしば全力を挙げて川又のやりたいことを妨害した連中だ、ということを塩路は興味深く眺めていた〉（注4）

ノンフィクション作家、デイビッド・ハルバースタムは『覇者の驕《おご》り――自動車・男たちの産業史』（日本放送出版協会）で、川又の葬儀の際の塩路と石原の立ち位置の違いをこう描写した。
日産自動車には、３人の超ワンマン経営者（暴君）がいた。日本興業銀行（現・みずほ銀行）出身の第９代社長の川又克二（１９８６年、81歳で死去）、生え抜きの第11代社長の石原俊（２００３年、91歳で死去）、自動車労連（現・日産労連）会長の塩路一郎（２０１３年、86歳で憤死）である。

川又と蜜月《みつげつ》関係を結んだ塩路が、石原と激しく対立した。日産の経営は迷走をつづけ、１９９９（平成11）年、フランスのルノーへ身売りする破目《はめ》に陥った。

日産没落の元凶は、川又克二、石原俊、塩路一郎の３人のワンマン、いや暴君の、血で血を洗う社内抗争だった。

【日産自動車の歴代社長】

	（名前）	（任期）
初代	鮎川義介《あいかわよしすけ》	１９３３年12月～１９３９年５月
２代	村上正輔《むらかみしょうすけ》	１９３９年５月～１９４２年２月
３代	淺原源七《あさはらげんしち》	１９４２年３月～１９４４年９月
４代	工藤治人《くどうはると》	１９４４年９月～１９４５年６月
５代	村山威士《むらやまたけし》	１９４５年６月～１９４５年10月

6代　山本惣治《やまもとそうじ》　1945年10月〜1947年5月
7代　箕浦多一《みのうらたいち》　1947年5月〜1951年10月
8代　淺原源七《あさはらげんしち》　1951年10月〜1957年11月（2度目の就任）
9代　川又克二《かわまたかつじ》　1957年11月〜1973年11月
10代　岩越忠恕《いわこしただひろ》　1973年11月〜1977年6月
11代　石原俊《いしはらたかし》　1977年6月〜1985年6月
12代　久米豊《くめゆたか》　1985年6月〜1992年6月
13代　辻義文《つじよしふみ》　1992年6月〜1996年6月
14代　塙義一《はなわよしかず》　1996年6月〜2000年6月
15代　カルロス・ゴーン　2000年6月〜2017年3月
16代　西川廣人《さいかわひろと》　2017年4月〜

労組に対抗できる〝首切り人〟・川又

川又克二は1905（明治38）年3月1日、現在の水戸市で生まれた。1929年旧制東京商科大学（現・一橋大学）を卒業。大学を出ても就職できなかった時代だ。父の知人が日本興業銀行にいて、雇ってくれることになった。

1941（昭和16）年、帝国陸軍に入隊。主計幹部候補生で国内勤務だったため、幸運なことに戦地は経験しないで済んだ。

戦後、興銀に復帰。広島支店長の時、日産自動車への出向を命じられて、1947年、経理担当常務に就任した。労働争議が全国各地で吹き荒れ、革命前夜を思わせた時代だった。

興銀が「労組に対抗できる〝首切り人〟の適任者」として川又を見込んだのは、彼の傲慢《ごうまん》な性格にあった。

〈川又克二には、部下はもちろん上役でさえも辟易《へきえき》するような、尊大さとぶっきらぼうなところがあった。日本社会で長い間尊重されてきた礼儀というものにも、無頓着《むとんちゃく》な男だと思われていた。彼は傲慢だった。人から嫌がられても気にかけなかった。（中略）川又は、傲慢でいて、それを押し通せるところに、彼ならではの迫力が生まれたのだ〉（注4）

同時代人の経済評論家、三鬼陽之助《みきようのすけ》は『日産の挑戦——はたして、トヨタを追い越せるのか』（光文社）に、川又の登場をこう書いた。

〈川又がはじめて出社すると、会社側は、労働組合と賃金交渉の最中であった。川又は、いやおうなく、その席上に出された。社長の箕浦多一は、いわゆる二代目だが、首脳部の追放で、取締役総務部長から、一躍社長になったばかりで経験はなく、経営の才能にも欠けていた。これにたいし川又は、箕浦に比較、面構《つらがま》えからして、社長的に見えた。しかも、天下の興銀を背景としている。それで、翌日から組合幹部は、社長を素通りして、新任の経理担当常務に日参したのである。

争議は拡大した。しかし、社長の箕浦は、局面収拾の能力に欠けた。そこで川又は、箕浦にたいし、重役陣の改造、充実を進言、けっきょく川又が専務となり、実権を掌握したのである。箕浦は、川又から重役陣の改造を進言されるや、ただちに辞意をもらすくらいの弱虫だったから、昭和二十四年九月、会社側が千七百六十人の人員整理を発表、組合側がいちだんと先鋭化してきたと知るや、高血圧で倒れてしまった。それで川又が社長を代行、事実上の総指揮官として、陣頭にたったのである〉（注5）

専務に昇格した川又は第二組合をつくらせて、組合の弱体化を図る。このとき、過激な組合潰しの鉄砲玉となったのが、宮家愈《みやけまさる》である。

東京商科大学を卒業。太平洋戦争中はゼロ戦のパイロットだった。戦後、日産に入り、経理部に配属された。宮家はエリートコースを歩みたいと切望した。もっともなりたくなかったのが労働組合の幹部だった。

経理部を代表して組合に出席した宮家は、会社の解雇権を支持し、急進的な組合と相容れない存在となった。

この事実が川又と宮家を結びつける磁石の役目を果たした。川又のバックアップを受け、宮家は日産大争議の最中の１９５３（昭和28）年８月、第二組合をつくり自ら組合長に就いた。第二組合の軍資金は、会社が興銀から借りたカネが川又を迂回《うかい》して提供された。

「返済はいらない」との暗黙の了解のもとに、川又は第二組合員に資金を貸し出した。第一組合（正規軍）の組合員のなかにも、闘争至上主義の組合に疑問を抱く人が出てきた。思い悩んでいるブルーカラーを第二組合員が慰労《いろう》という名目でバーや飲み屋に連れていき、別れ際に金を渡した。金を受け取ったブルーカラーは、この金を〝隠れボーナス〟と呼んだ。

第一組合との綱引きが激化している折も折、第二組合の強力な〝助っ人〟として塩路一郎が現れる。

反共思想のスト破り・塩路

塩路一郎は１９２７（昭和２）年１月１日、東京・神田に生まれた。父親と叔父は零細な牛乳店だった。父は終戦後まもなく亡くなり、幼い弟妹を養うために、塩路はさまざまな職業に就いた。日本油脂の倉庫勤務のかたわら、明治大学法学部の夜間部に通った。

組合の幹部だった共産党員たちは、目的のためには手段を選ばない方法で組合員を扇動した。塩路はこれを嫌悪した。塩路は日本油脂の組合の幹部からは「資本家のイヌ」のレッテルを貼られたが、反共思想を隠そうとはしなかった。

１９５３年、明治大学を卒業し、日産自動車に晴れて入社した。成績優秀な東大など官学出の学生を採用してきた日産が、私立の、しかも夜間部卒の塩路を入社させたのは異例なことだ。

この採用には裏があった。日本油脂は戦前、日産自動車と同じ日産コンツェルングループの1社だった。日本油脂が、塩路を「スト破りにうってつけの若者」と推薦したから入社できたのである。

日産は労働争議をくり返していた。興銀から送り込まれた川又が、第一組合を潰すために第二組合をつくるところだった。川又は塩路を直接面接し、「骨のあるやつだ。ああいう男こそ必要なんだ。採用するように」と人事部長に申し渡した。

喧嘩《けんか》屋・塩路は、本領を発揮する。当時の日産では、委員長の益田《ますだ》哲夫《てつお》が率いる総評系の全日本自動車産業労働組合日産分会が、全国最強といわれるほどの勢力を誇っていた。横浜工場の経理課に配属された塩路は、瞬《また》く間に反組合派の闘士として頭角を現す。

塩路が入社して間もない1953年7月から、4ヵ月間におよぶ労働争議が勃発《ぼっぱつ》した。宮家が第一組合の切り崩しを進め、同年8月、労使協調路線を掲げる第二組合が結成されると、新入社員ながら塩路は組合の会計部長の要職に就いた。

第一組合の幹部である粒良《つぶら》喜《き》三郎《さぶろう》が重役室に出向いたときのことだ。第二組合結成の直前で、部屋には第二組合をつくった張本人の宮家がいた。そこに、粒良がこれまで見たことのない若者がいた。粒良は、委員長の益田の指示で、会社に突きつける6項目の要求を携えていた。粒良が第一組合の要求を説明した。

〈「ばかばかしい」と、宮家の隣の若い男が言った。

粒良は次の組合要求を説明した。ボーナスアップの件だった。

「もっとくだらんね」と、その若い男が言った。

粒良が第三の項目を伝え始めると、若い男が言い放った。

「あんたもくだらん人だね。こっちまでバカになりそうだから、とっとと出て行ってくれよ」

粒良はやっとのことで要求を伝え了えると、あたふたと部屋を出ていった。

「あのグダグダ言っていた若いやつは誰なんだ？」と、知っていそうな人間に尋ねると、

「塩路とかいう男でね、宮家の新しい鞄持ちだよ」との答えが返ってきた〉（注４）

塩路は、たちまちのうちに有名人となった。

御用組合の会計部長に抜擢

反共思想を買われて入社した塩路一郎の行状《ぎょうじょう》を、三鬼陽之介は、こう描いている。

〈はたせるかな、塩路は、日産に入社してわずか一カ月後、総評全自動車日産支部の組合活動が、かつての日本油脂の（引用者注：組合）指導者と同様、いな、それ以上に共産党員で占められているることを知った。そこで、塩路は、組合幹部をたずね、「デマで、われわれ善良な従業員を迷わすな。」と談判した。当時、塩路は、苦学して大学を卒業した以上、いつまでも労働者でなく、係長、課長、部長と、将来の重役を夢見ていた。それだけに、賃上げ、一時金闘争以外、目的を

持たない組合活動に不満が持たれた（ママ）。

　しかし、日本油脂とちがい、同じ労働組合でも、日産自動車のスケールは大きかった。入社一カ月の新入社員の反抗を、表だって取りあげなかった。しかし、組合大会のとき、塩路が顔を出すと、どこからか、「このなかに、日経連のまわし者がいる。」といった声が出た。塩路は立ちあがった。「まわし者とはなんだ。」と激しく言い争ったのである。ここで、塩路は入社早々、組合幹部はもちろん、一般従業員に顔をおぼえられたのである〉（注5）

〈昭和二十八年夏、日産は四カ月にわたる歴史的な大争議を体験した。そして、この争議の過程で、第二組合ができ、けっきょく、この第二組合の勢力増大で、第一組合が敗北、大争議も終幕となったのである。第二組合は、昭和二十八年八月三十日、正式に結成されたが、このとき塩路は、会計部長の重職についたのであった。第二組合とはいえ、組合員の大半は塩路の先輩であり、組合幹部は大先輩である。にもかかわらず、塩路が一躍会計部長として組合幹部に抜擢《ばってき》されたのは、それだけ、塩路の活動が積極的であり、注目されたからである。

　しかし、塩路の存在が川又に意識されるようになったのは、昭和三十年代の後半からである。それまでは、団体交渉の席上、顔を見合わせ、討議の過程で、話しあったことはあるが、膝《ひざ》つき合わせて語ったことはなかった。

　第二組合の当初の委員長は笠原剛三、二代目は宮家愈、三代目が塩路一郎である。笠原は昭和二十八年の創設以来、九年間のながきにわたり、総評のいうところの御用組合の委員長であり、宮家もまた、総評によれば二代目御用組合長としての活躍で、会社側の管理職についた裏切者だというのである。

しかし、笠原、宮家両委員長をへて、三代目の塩路時代にはいって、日産組合は、いちだんと強固なものとなったことはいなめない。その証拠に塩路は、笠原、宮家が持たなかった天皇の異称まで、たてまつられているのである〉（注５）

川又追い落としを阻止する組合スト

結局、第一組合は力を失い、第二組合が日産の主力の組合になった。

川又が社長になれたのは、第二組合のリーダーとなった宮家とその部下の塩路の力である。川又と宮家＝塩路はウインウインの関係を築いていった。

川又はライバルになりそうな会社幹部を、組合を使って排除し、宮家と塩路が推す人間に中間管理職のポストを与えた。

１９５５（昭和30）年、社長の浅原による川又追い落としのクーデターが起きた。

川又の前の社長の浅原源七は１８９１（明治24）年９月１日、大阪市に生まれた。東京帝国大学理学部化学科を卒業後、理化学研究所の主任研究員を経て、鮎川義介が経営する戸畑鋳物に入社。日産自動車の発足にともない日産に移った。自動車技術者として、民生用や軍用トラックの生産に携わった。１９４２年から１９４４年まで日産の第３代目社長となった。

戦後は鮎川らとともに公職追放となった。公職追放中に、自動車の技術者としての腕を買われ、GHQ（連合国総司令部）の経済科学局顧問となり、自動車の産業技術育成に尽力した。

追放解除を受け、1951年10月、第8代社長として復帰したが、日産大争議に直面する。しかも、淺原は根っからの技術屋である。労働組合と対峙《たいじ》するには力不足だった。修羅場で力を発揮したのが専務の川又。第二組合として結成された日産自動車労働組合と労使協調関係を樹立。第一組合の切り崩しを進めた。最終的に経営側が勝利し、操業再開に漕ぎ着けた。

日産が第二組合づくりに成功したことは、同じく労働争議に苦しんでいたトヨタ自動車、いすゞ自動車にも好影響を与え、全日本自動車産業労働組合は1954年に解散した。

淺原は組合と手を結んだ専務の川又が急激に力をつけてきたことを恐れた。メインバンクの興銀の役員たちと会合を持ち、その席で「川又は未熟だ、野心がありすぎる、組合ベッタリだ」と批判。興銀と川又を子会社の日産ディーゼル工業に転出させることで話をつけた。日産ディーゼルは日産と比べたら格落ちのトラック専業メーカーだった。

不意の一撃に川又は意気消沈。宮家に「なんとかして欲しい」と懇願した。傲岸不遜《ごうがんふそん》な川又が泣きを入れたのは、後にも先にもこのときだけだったという。宮家にとっても一大事だ。川又が失脚すれば、自分も粛清《しゅくせい》されることは目に見えている。ただちに、宮家は興銀へ出向き、頭取の中山素平と会った。

労働者代表として発言した。

〈宮家は、だれかが失敗を犯したのでないかぎり、銀行が社の内政に干渉するのは誤りだと思うと述べた。明らかに川又は何か失敗したわけではなかった。

中山は言った。「よく聞け。銀行が最も嫌うのは、こういうごたごたに巻き込まれることだ。これはきみたちの問題であって、わしらの問題じゃない」。

全ての関係者に組合の力を見せつけるべく、宮家は横浜工場にストライキの指令を出したが、これはほとんどポーズでしかなかった。他からの手助けもあり、宮家は（非常事態を）乗り切り、川又は日産ディーゼルに行かずにすんだ〉（注4）

川又追い落としクーデターが不発に終わった淺原は、2年後に社長を退いた。後任に生産部門の原科恭一《はらしなきょういち》を推した。このトップ人事を組合が白紙に戻させた。「組合が認めるのは川又ただ一人である」と興銀に理解させるために、宮家は奔走《ほんそう》した。

その結果、川又は1957年11月、悲願だった社長の椅子を手にした。以後、川又は宮家と塩路に、大きな負い目を感じることになる。

石原が仕掛けたクーデターだった

日産の盛衰史を検証するには、クーデター未遂事件を理解しておく必要がある。日産の正史『21世紀への道　日産自動車50年史』には出てこない。当時の関係者のあいだでは、クーデターはなかったことにされている。

塩路は自著『日産自動車の盛衰――自動車労連会長の証言』（緑風出版）で、「幻のクーデター」と題して紙幅を割いている。

石原俊の画策と断じる。

石原と塩路の確執については次の章に譲るが、その抗争の出発点がクーデター未遂事件だったことがわかる。引用しよう。

〈争議で疲弊した日産は直後に不況に遭遇《そうぐう》し、雇用問題への波及を労使の協力によって防ぎ、企業の先行きにようやく明るさが見え始めた昭和三十年の春、日産の経営内部では株主総会に向け異常な画策が行われていた。石原氏の企てによる川又専務の追放工作である。

赤坂・弁慶橋のたもとにある料亭「清水」や、今はない「中川」等を使い、浅原社長を擁して役員と部長の一部による秘密会議が行われていた。そして、日本興業銀行に「川又は労働争議を解決したことでいい気になり、赤坂で遊びほうけている」などとざん言を流した。そこで興業銀行は、川又専務を日産から出すことに了解を与えた。

昭和三十年の五月一日メーデーの日の午後、田辺邦行氏（設計部員、後に日産車体常務、川又氏の甥）が突然私の家を訪ねて来て、「大変だ、川又さんが飛ばされる」と言う。

「争議を解決して、新しい労使関係で日産の再建に協力し合ってきた片方の旗頭が、今度の株主総会で社外に出される。このことを一刻も早く組合に伝えて、事後の対応を考えてほしいと思って、先ずあんたのところに来た」と。

「川又さんとは相談してきたのか」と訊くと、

「相談したら止められるだろうから、私の独断できた」

「今からでもなんとかなるかな」と訊くと、「覆水盆に返らずだろう」。

そこで私は「いま私が聞いた話を、宮家委員長に直接伝えてほしい」と頼み、彼は鎌倉の宮家氏のところに車を走らせた。

翌日、急遽《きゅうきょ》集められた組合首脳部の会合で、「日産争議を乗り切った会社側のリーダーがざん言で飛ばされる。しかも、争議中は渦中から逃げて洞《ほら》ヶ峠《とうげ》を決め込んでいた奴が、平和になったら会社乗っ取りを策すとは許せない。もう手遅れのようだが、かなわぬまでも抵抗すべきではないか」ということになり、横浜工場の組立ラインを止めながら、宮家自動車労連委員長が興業銀行に乗り込んだ。

組立ラインにはコントロール・ルームがある。始業時前に、そこの責任者を「コントローラーのキイを持って組合事務所に来てくれ」と呼び、「いま会社の存亡に関わる重大な問題が起きている。執行部が責任を持つから、俺たちを信じてしばらくここに居てくれ」と頼んだ。彼は争議の時の同志だから余計な問答はいらない。ラインは止まったままになった。宮家氏は頭取に会って、

「あなた方は何故よそ者の流言を信じて、身内である川又さんの話を聞かないのか。川又専務が

居られたから争議を解決できたし、今も会社再建に必要な人だ。その人を追い出すというなら、我々が守った会社だから我々の手で潰す。いまラインが止まっているが、いつまで止まるかわからない」

と交渉。興銀は困って、われわれの申し入れを受け容れることになった。

一九九五年二月、『文藝春秋』に「日産・迷走経営の真実」（引用者注：塩路の手記のこと）を書くときに、田辺氏に会って、四十年前の川又邸における石原氏の話を改めて訊いた。田辺氏は次のように語った。

「僕はあのとき、なんで川又さんの家にお邪魔していたのかは覚えてないけど、石原氏に『お前も一緒に聞け』と言われて応接間に入った。とにかく石原さんは『もうこうなったら』って言ったんです、僕にはその言葉が非常に印象が強くてね。『もうこうなったら』というのは、いろいろ画策した、それで大勢は決まっている。従って、あなたはもう辞める以外に手はないんだ、というニュアンスだった。

石原氏は川又夫妻に、『川又さん、あんたね、もうこうなったら、日産車体でも貰って、おとなしく引き下がった方がいいよ』と言った。これは忘れもしない、あの応接間のテーブルの上に両足をのっけて、こうふんぞり返って言ったんですよ。川又さんに向かって傲然《ごうぜん》とそう言った。〝なんて行儀の悪い人なんだろう〟と思いました。そのことはいまだに川又さんの奥さんも覚えていて、『あんなにいろいろお世話した人なのに、あのときの石原さんの態度は』と、今でもたまに思い出して不満げに話をする。専務に対して、平取になったばかりの一経理部長の言動ではない。要するに、使者として引導を渡しに来たわけなんです。平取にしてくれた川又さんに対してですよ」

石原氏はこのとき四十三歳、この企てでは岩越忠恕常務（後に社長）も社外に出し、大館（引用者注：大館愛雄）常務を社長にした後、四十歳代で社長になることを目論んでいた。それから二十二年、社長になる六十五歳まで、覆した者への逆恨みを秘めて隠忍自重《いんにんじちょう》の日々を過ごすのである〉（注６）

川又追い落とし工作の舞台裏

川又追い落とし工作がなぜ、起きたのか。その舞台裏を、青木慧《あおきさとし》が『日産共栄圏の危機――労使二重権力支配の構造』（汐文社）で取り上げている。

「史実を作り変えたストーリーだ」と塩路が攻撃している著書である。

追い落とし工作の裏面をえぐっており、生臭い。

〈しかし、労使相互信頼を固めたとはいえ、川又は日産労組結成時には、まだ専務の一人にすぎなかった。彼は実権を握りつつあったが、権力社会は一人の権力者の誕生には、またその足を引っぱろうとする作用がともなう。日産争議も終結すると、争議を圧殺した功績でのしあがってくる川又の存在を快く思わない役員もいた。当時の浅原源七社長（故人）自身もそうだった。川又を追い出す工作がはじまった。そのネタに使われたのが、ここでは人身攻撃になるのでくわしくは書かないが、川又の女性関係にからむ素行問題だった。一九五五年春のことである。日本興業銀行の副頭取だった中山素平（現同行相談役。引用者注：本書が書かれたときの肩書）は、浅原社長の訴えをきいて、すぐつぎの手をうった。中山は川又と同期で、当時は犬猿の仲だった。

中山の進言でひらかれた興銀の役員会は、浅原社長が求めるとおり川又を日産ディーゼル社長として日産本社から追放することを決定した。これをうけて、浅原社長は、千代田区・弁慶橋の料亭、清水に川又を除く日産の全役員を集め、川又追放を追認する。

あわてたのは川又である。宮家組合長のところへ、さっそく密使の田辺邦行がとんでいく。

「銀行が日産の役員人事に介入するとはけしからんじゃないか」

宮家組合長をはじめ日産労組幹部は激怒する。五五年五月三日、宮家組合長の指令で、横浜本社工場では生産ラインをとめた。ねらいはなんであろうと、ストライキにはちがいない。驚いた興銀は川又の追放を撤回。ストライキの目的は達したのである。

あとになって、日産の役員会はこのストライキの責任を、宮家組合長にあるとして追及しはじめたが、いってしまえば、当時の経営陣のなかで組合側の責任を追及できる者はおらず、いつとはなしに沙汰《さた》やみとなった。

首がつながった川又は、宮家組合長を東京・神楽坂の某料亭によんだ。川又は宮家の手をとり涙を流して感謝したという。これらは、当時の日産の経営陣なら、口にはしないがだれしも知っていることである。

川又は、この極秘ストから二年後の五七年には社長となり、日産経営陣のトップの座についた。このとき、かつて彼を追放しようとした浅原源七を会長にすえ、何期かその座を保障する約束になっていたが、川又はまもなく浅原を追放する。また、この極秘ストから数年後に第二回の極秘ストが発生するのだが、すでに実権を掌握していた川又は、こんどは激怒することになるのである〉（注7）

第2回の極秘ストについては、後で触れる。

労働界のボスにのし上がっていく塩路

反共の闘士として塩路に注目したのがAFL‐CIO（米国労働総同盟・産業別組合会議）である。1958年に日産労組書記長になった塩路は、翌59年、米国大使館とAFL‐CIOの援助を受け、ハーバード・ビジネス・スクールの短期セミナーに参加した。第一組合潰しと浅原との権力闘争に勝利する原動力になってくれたことに対して、川又はこうしたかたちで塩路に報いたのである。組合潰しの論功行賞である。

米国滞在中、塩路は米国労働界の指導者、ウォルター・ルーサーの開けっぴろげなところに感銘を受けた。自動車産業のメッカ、デトロイトの労働組合のトップたちは、塩路を対等に扱ってくれた。彼らはのちのちまで塩路の盟友でありつづけた。

塩路は組合のナンバー2に甘んじるような男ではなかった。つねに権力を追い求め、とうとう宮家を追い落とす。

宮家はエリートコースに乗ることを夢見、重役を目指していた男だ。川又を社長にさせるために重要な役割を果たした宮家は、〝成功報酬〟として日産自動車の取締役の座を要求した。

川又も、さすがに現役の労組組合長を取締役にするわけにはいかない。役員コースを歩むには、労組の組合長を退かねばならない。しかし、組合長を辞めれば、権力を失い、タダの人になることがわかっていた。

自分の野心のために組合を踏み台にして重役の椅子を狙う宮家への批判が、組合員のあいだで渦巻いた。組合内部で急速に力を失った宮家は、結局、日産を去り、川又が見つけた別の仕事に就くことになる。

塩路は1961年、日産労組組合長、62年に日産グループの労組でつくる自動車労連会長になる。72年には自動車メーカーの主要労組を統合した自動車総連を結成し、86年まで会長を務める。国際労働機関（ILO）理事も兼ねる塩路は労働界のボスとなっていく。

自動車労連会長は宮家から塩路へ

1962年4月19日、箱根小涌園《こわきえん》で自動車労連の中央委員会が開かれ、「宮家会長は5月1日付で会社に復帰する」「任期の残りを塩路が会長職職務執行として引き継ぎ、正式の会長交代は秋の大会でする」ことが決まった。

塩路はすでに日産労組の組合長になっていたが、自動車労連の会長、つまり日産圏の労働組合の最高責任者に就いた。1961年3月からここから塩路体制がはじまる。

日産労組の結成、自動車労連の結成など、戦後の日産の再建・復興期に、日産の経営の基礎をつくるうえで貢献した宮家は、〝宮家天皇〟と呼ばれていた。

宮家は「企業研究会」の実質的な会長であった。企業研究会とは、赤色組合に対抗する大卒若手幹部の同志的結合体だった。血盟の士は、はじめは40人たらずだったが、しだいに増え、２００人近くになっていく。企業研究会のメンバーがこれと見定めた有力役員と会社幹部は、日産経営陣のなかで次第に実権を握っていく。企業研究会の中心メンバーは、日産圏で錚々《そうそう》たる経営幹部になる。秘密結社といえる企業研究会は、役員に出世するための互助会であった。

宮家の後任の自動車労連の会長を誰にするか。前出の『日産共栄圏の危機』は、その経緯をこう記した。

〈年功からいえば、宮家会長のもとで筆頭副会長を長年つとめていた相磯源四《あいいそげんし》郎《ろう》が順当なところだったが、企業研究会の主力メンバーも彼（引用者注：塩路）の人間的な弱点に危惧をいだいていた。

「しかしねえ、そんなもの民主的な討議もへったくれもなかったんだから。宮家さんが、あとは塩路にまかせたいから、おまえたちも協力してやってくれということだった」

「宮家さんは、塩路をずっとつかい走りに使ってかわいがっていた仲だった。塩路も若いし、みんなで支えてやれば長つづきするだろうと、あの弁舌でやられ、みんなは九〇パーセントまで相磯さんがやると思っていたが、みんなも宮家さんの考えを受け入れたんですよ。しかし、宮家さん自身も、ぼくらも、まさかあの〝番犬〟がここまで巨大に肥りすぎ、飼い犬にかまれる結果になるとは思ってもいなかった」

当時の主要メンバーの受け取り方にも多少のちがいはあるが、ともかくも〝宮家天皇〟は〝政権〟を塩路に禅譲することになったのである。このときの宮家の主張は、塩路も若いし、学卒者でもなく労働組合でやっていくといっているから、たよりないところはみんなで支えてやろうということだった。

塩路を助ける陰の相談役に、だれか企業研究会の主力メンバーを一人つけようということになった。その陰の役目を自分から買ってでたのが、現在の佐藤俊次取締役(引用者注・のち常務)である。これからまもなく、佐藤は塩路をひきたて、塩路体制の足がかりをつかむために一役も二役も果たすことになる〉(注7)

宮家の役職要求のため2度目のストを計画

宮家は労組トップを〝下番〟し、日産の経営陣に加わることを目指す。下番とは、軍隊用語で、当番勤務を終了すること。宮家は、スタッフとして優秀な若手10人を選び、特別に業務部の部屋が用意されて、肩書は業務部長、車と運転手付きという扱いになった。

『日産共栄圏の危機』をつづける。

〈宮家が〝下番〟となると、もう一方で新しい問題が発生した。宮家には、本社の業務部長の椅子が用意されていた。だが、同じ部長でも、単なる部長では彼ほどの功労者には軽すぎる、取締役部長にすべきだという強い意見があった。それは企業研究会と組合指導者のあいだにあったのであり、宮家を重役におしあげるために極秘で二度目のストライキが計画されることになる。

極秘ストの発想は二度ともに共通しているが、こんどのストライキは、だれが仕掛人だったかで二つに分かれる。宮家が塩路にやらせたとする説と、塩路が宮家をおとしいれるために仕組んだとする説である。塩路は、宮家に「すこしおキュウをすえてやりましょうか」と話をもちかけている。

だが、宮家の立身出世のためだけにみんなが動いたわけではなかった。実権を手にした川又にたいし、いいなりになる御用組合ではないぞというところを示したい気持も、組合幹部の腹底にあったことも事実である。野心を秘めていた塩路は、なおさらその心中に雑多なものをもっていただろう。

また、塩路の心境も複雑にかかわっていただろう。彼は自動車労連会長の椅子についたものの、必ずしも実権はまだ手にしていなかった。まる九年間、指導してきた宮家の影響力は組織内に残っていた。なにかことがあっても、塩路に相談するのでなく、宮家のところへ走る幹部も少なくない。宮家も依然、彼の親分格であれこれ口をはさんできたからである。当時の宮家の影響力からいって、塩路が宮家の指示どおり極秘ストを準備しても不思議ではない。また、この機会に宮家の指令だと偽ってストをうち、宮家の足をすくって実権を掌握しようとしても不思議ではない。塩路のなかには、全権委任、禅譲しきらない宮家への不満もくすぶっていたにちがいないし、彼の出世欲、権力欲がにわかに燃えはじめたとしても不思議ではない。

「自民党内閣でいえば角影内閣（引用者注：田中角栄《たなかかくえい》の影響力を受けた鈴木善幸《すずきぜんこう》内閣の異名）と同じで、塩路内閣はまだ宮家のかいらい政権だった。角筋から指示しないで、もっと塩路にまかせてしまえばよかったんですよ」

「いや、本社へ帰った、組合長でもない宮家に指令が出せるわけがない。仕掛人は塩路だ」

「どっちでも同じですよ。結局、権力者はみなそうなんじゃないですか」

この極秘ストに直接、間接にかかわった人たちは、だいたいこの三つの考え方のどれかである。

一九六三年春のことである。横浜工場のある生産ラインがストライキでとまった。これには、現場の係長、組長も加わっていた。当然、川又もこの極秘ストを知る。彼が激怒しただけでなく、それを知った組合員たちも、急に宮家にたいして批判的になる。このあたりの認識は、関係者によってかなりのちがいが生まれてくる。それがもともと極秘であったことにもよるが、その事実の認め方次第では、その責任がふりかかかってこざるをえないからである。事実、そのご、関係

者の立場は二分されることになる。いや、これを境に事態はひっくりかえるのである〉（注７）

宮家追放へと流れを変えた塩路派の一言

極秘ストの結果、どうなったのか。

『日産共栄圏の危機』をつづける。

〈企業研究会の〝最後の晩餐《ばんさん》〟は、およそつぎのようなものだった。

もともと宮家の身分をめぐって、彼らの意志を川又たち経営陣に伝えようというものだったが、ある個人の立身出世のためにストをうつというできごとは、川又たちの激怒にあった。川又自身がかつてその労使関係にのっかって実権を握ったからといって、いまふたたび本末顛倒《てんとう》のストを支持する者はいない。事実が知れわたっていくにしたがって、宮家へのひいきのひきたおしとなっていくのは明らかだった。

それは企業研究会ばかりか、日産労組、自動車労連の存亡にかかわってくる。そこで新旧の組合トップの宮家と塩路、企業研究会の主力メンバーの限られた人たちが、事態をどう収拾するかで協議することになった。

その会場は、ちがった記憶もあるが、高輪のプリンスホテルの会議室だったことにほぼまちがいない。メンバーは、宮家、塩路のほか、八人から多くても一〇人くらいだった。さきにみたように、そのほとんどは現在の日産の役員や関連企業のトップになっている人たちである。問題が問題だけに責任も問われることになるので、一同は慎重に発言していたのだが、一人の男がいきなり旗印を明確にしてしまった。

「こんなことでは、ぼくはもう宮家さんとはいっさいかかわらない。こんごは塩路新体制を築いていくほかない」

それは、塩路の陰の相談役だった佐藤俊次だった。彼はそういい終えると一人で席を立ってしまったのだ。会議はこれで事実上、物分かれとなり、企業研究会も崩壊する。そして、主力メンバーの多くも急速に宮家に冷たく批判的になっていく。ことここにいたって、責任がかかってこないよう引きぎわをそれぞれがみきわめていたのかもしれない。

だれが仕掛人だったか判然としないまま、悪くいえば極秘ストの責任のなすりあいになる。もっとも、なすりあいや弁明の余地もなかったが。

塩路支持を明言した佐藤俊次などが、役員や部課長らに口コミでオルグをはじめる。宮家を葬《ほうむ》ろうと川又も塩路のうしろだてになる。川又は、自身の保身と出世のためかつては極秘ストまで利用し、そのすべてを知っている宮家をこのさい消そうという打算もはたらいただろう。

宮家は立身出世のためにストまでやらせた。そんなささやきに、役員たちや部長連中は待ってましたとばかりに呼応した。そこが権力社会の悲しいところである。宮家の功績へのねたみ、宮家の〝下番〟によって有力な競争者が現われたことへの危惧、それらがこれを機に一つの渦となってしまったのだ〉（注7）

組合員を監視する塩路の秘密警察

宮家は、業務部長の椅子を追われ人事部付となり、実質的に自宅待機となったが、あっさり自ら日産圏を飛び出してしまった。

あとに残った人々は、あるいは極秘ストの計画者に仕立てられ、あるいは宮家支持派ということで、職場を追われたり冷や飯を食わされたりすることになる。

この粛清《しゅくせい》の先頭に立ったのが、塩路である。

『日産共栄圏の危機』はこう書いた。

〈「塩路のやり方は、ゲー・ペー・ウー（ソ連の秘密警察）なんてもんじゃない。それ以上だね。宮家さんの家にはずいぶんはりこみをやってたし、だれがだれの言動を見張れと塩路が指令してくる。そんなことは、あの日産争議のころ、ぼくらがみな『地下活動』でやってきたことだけどね。

しかも、あのストは宮家さんをやっつけるために塩路の武器として最大限つかわれたわけですよ。『宮家は私利私欲、立身出世のためにラインをとめた』と。塩路自身がストを準備したくせに、いざやっつける段になると手の平をかえした。これほどいい材料はありませんからね。あとはこれを踏み絵にして、自分が権力をうちたてていくわけですよ」

宮家批判、塩路支持をぶてないような幹部は、自動車労連や日産労組から一掃される。それはさらにエスカレートし、塩路の先輩に当たる幹部、彼の私兵になりきれない幹部なども、一掃されていく。労働組合幹部や会社幹部だけでなく、宮家の実績や功労のすべても、歴史的事実も、すべて抹殺されていった。こうして、そのあとに塩路独裁体制が築かれたのである。

あれほど武器に使われたストのこと自体が、まだ秘密のベールにおおわれ、結局だれが仕掛人だったかあいまいなままである。新たな権力体制にとっては、その真相どころか、それ自体が抹殺の対象になってきたのだ〉（注7）

藪の中――塩路が語る宮家追放の舞台裏

塩路一郎は、青木慧の『日産共栄圏の危機』で書かれた内容は事実無根の虚言だとして、自らのラインストップへの関与を全面否定した。

自著『日産自動車の盛衰』で、〝藪《やぶ》の中〟の話になっている宮家事件について述べている。

〈宮家氏が業務部長として仕事を始めて間もなく、（引用者注：一九六二年）五月初旬に突然労連本部に来て、会長室に日産出身の労連三役及び日産労組三役九名を集め、「川又は俺と約束しておきながら床屋に行って一時間も待たせた。塩路君、俺を役員にするように社長と交渉してこい」と言われた。私は〝川又社長と何かあったな〟と思ったが、事情の説明がないので様子が摑《つか》めない。返答を考えていると、宮家氏側近の三副会長（川鍋・松本・増田）が「それは怪しからん、宮家会長に対して失礼だ。こうなったらラインを止めて交渉しろ」と言い出し、その方向で議論がエスカレートし始めた。

宮家氏は以前から川又社長に「職場復帰のときは役員にして欲しい」という話をしていたらしいが、直ぐにという返事は貰えなかったようだ。自動車労連会長のときの彼の影響力が大き過ぎて、会社も遇し方に悩んでいた。

それに、この問題には石原氏が絡んでいるように思えた。〝石原経理部長（昭和十二年入社）が宮家業務部長（昭和二十四年入社）に嫌がらせをしている〟という話を聞いたことはあったが、川又社長を挟んで宮家・石原三者の関係がどうなっているのかは解らない。そこで私は次の意見を述べた。

「三十年五月のラインストップは、争議後新たに構築中の労使関係を破壊しようとした石原のクーデターを止めるためだから、〝組合員を守るために〟という大義名分があった。しかし、ラインを止めて宮家さんを役員にしろと要求するのは、個人のために組合の伝家の宝刀を抜くことになり、悔いを千歳《せんざい》に残す。

経営体制強化のために宮家氏が会社役員になることは必要だが、組合役員を辞めて直ぐにというのは、川又社長の立場も考える必要がある。幻のクーデターから救われたことは会社上層部しか知らないことだが、かえって慎重にならざるを得ないだろう。

宮家さんなら力があるし組合も付いているから、取締役の肩書きがなくてもそれ以上の力を発揮出来る。少しでも早く役員にするように私が責任を持って交渉するから、暫《しばら》くは我慢して頂けないか」

しかし、宮家氏の顔色を見ながら発言する幹部たちの中には、私の意見に賛意を示す者は一人もいない。それでも私が「日産労組組合長としてラインストップは認めない」と主張して譲らないために、日を改めて審議することになった。

私はこのとき、ルーサーUAW会長の講演を聞いて、働く者のために〝組合の缶焚《かまた》きをやろう〟と心に決めた二年前のことを思い出していた〉（注6）

2度目のストをめぐる労使交渉

〈数日後、私は神楽坂の喜文という料亭に呼ばれ、「ラインストップはやらないことにしたから、みんなと一緒に仲良く飲んでくれ」と言われた。

二階の広間には労連と日産労組の常任が二〇人くらい集まっていた。それから三時間ほど、みんなから「良かったですね」と言われて酒を勧められ、何となく〝おかしいな〟と心の隅で思いながら、私は酔いつぶれてしまった。

明け方近くに目を覚ますと自分の家の布団ではない。おかみに「みんなどうした」と訊くと、「皆さん、塩路さんがお休みになると間もなくお帰りになりました」と。〝これは謀《はか》られたかな〟と思いながら、車を呼んで家に帰り、まだ酔いは残っていたが自分で車を飛ばして横浜工場脇の組合事務所に着いたのが午前九時。既にラインは止まっていた。

私はすぐ労連と日産労組の三役を集め、「何でラインを止めた。俺が組合長だ、すぐに動かせ。こんな馬鹿なことをしたら宮家さんのためによくない」と怒鳴り始めたら、宮家氏が出てきて「お前はここから出るな」と言われ、一室に閉じ込められてしまった。

昼過ぎに宮家氏から「東京に交渉に行ってもらいたい」と指示された。会社に対する要求は、①宮家に十分な仕事ができるような権限を付与すること、②若手職制（引用者注：職制は管理職の意）の抜擢、③石原氏を社外に出すこと、の三点だった。

本社では川又社長と岩越専務が待っておられて、こう言われた。「今後は、組合役員が会社に復帰するときにラインを止めて交渉することはやらない、とお約束頂けるならば、次のように回答します。

宮家君を直ぐ役員にするというわけにはいかないが、時期を考えさせて下さい。ついては、今回ラインストップはなかったという前提で、宮家君を近い将来に参事（役員の資格）にするという含みで、当面の処遇を副参事にします」と。

私は尤《もっと》もな話だと思ったので、①の要求については「了解します」と答えた。

②の要求については、会社は「よく検討して返事をします」。③に対しては「検討の時間を頂きたい」との回答だった。

帰り際に、「床屋に行って、宮家さんを一時間も待たせたのですか」と訊くと、川又さんは怪《け》訝《げん》な顔をして、「どういう話ですか。私は宮家君を待たせたことなど一度もありません」との答えだった。どちらの話が本当なのかと思いながら、一瞬、真相は別のところにあるようだ。石原氏の扱いについて、川又・宮家の意見が離れていることが要因かも知れない、と思った。

組合に戻って社長の回答を報告すると、宮家氏に「ラインを止めての交渉で、その程度のことか」となじられた。

私が東京に行っている間に、会社の役員たちに「塩路が勝手にラインを止めた。塩路は秘密党員だ」と流されていた。しばらくの間、このことを私は知らなかったが、知ってからも、私はこれに対する弁明は誰にも一切しなかった。川又社長・岩越専務に会って交渉したときも、その後も、「ラインを止めたのは私ではない」という弁明をしていない。

それを言ったら、宮家氏と私の対立が表沙汰になるし、社内に波風が立つだろう、宮家氏を傷つけることにもなる、と思ったからだ。だから、ラインが止まったことを知る人たちの殆《ほとん》どが、今でも塩路が止めたと思っている。私は親父からも海軍でも、「男はみだりに弁解すべからず」と躾《しつけ》られたことが身に付いている。

会社は翌十七日の常務会と十八日の役員会で、「宮家に副参事の資格を付与する」ことを決めた。同時に「何も無かったという理解に立つ」ことを確認した。このラインストップも歴史上なかったことにした〉（注6）

退任後も組合執行部を動かす宮家

〈十月中旬、宮家氏に呼ばれて日産本社の業務部長室に行くと、

「来年春の中間改選で増田（引用者注：克己副会長）を日産の組合長にしろ」と言われた。私が、

「組合のことは私に任せて頂きたい。あなたの役員処遇問題も私に任せてほしい。意見は伺いますが、組合への干渉はやめて下さい」と言うと、

「俺にそむいて、労連の会長はおろか日産に居られると思うのか。社長も専務も、会うと『組合の方は宮家君頼むよ』と言われる。まあ仕方ないと思うが、これは私の背負わされている十字架だよ。一生背負っていかねばならないと思っている」

と言われた。私は「増田を日産の組合長にする話は、ご意見として伺っておきます」と応えた。

その翌週、宮家業務部長が労連本部に現れ、日産出身の労連副会長と日産労組の三役を集めて、

「塩路君は外部の仕事を担当し、内部のことはしばらく三副会長に任せて、事務所に来たら会長室にいてもらいたい」「会計は川鍋（引用者注：清一）副会長の担当とし、彼の承認がない限り誰も組合会計は使えない」という指示をした。

組合から退いた人が組合の運営に口を出し、現役が黙ってそれに従うのはおかしなことだが、これに棹《さお》さすことは出来ないほど、宮家氏の言動は日産の中でまかり通っていた。

私はこのとき、〝ラインストップの事は勿論《もちろん》、執行部内の異常な状態が職場に漏れないように

しながら、問題の解決を図らなければならない〟と思った。問題を職場が知れば、私が組合員から支持されるだろう。しかし、それは職場を混乱させることになる。組合結成以来積み上げてきた執行部に対する組合員の信頼が一挙に失われることになるし、その修復は至難の業だ。だから、これは執行部内（常任の範囲内）の問題として解決しなければならない、と考えていた。

それは宮家グループにとっては望むところで、私にとっては勝ち目が殆《ほと》どない。宮家氏は天皇と言われて経営者も恐れていたときである。私に特に策があるわけではないし、場合によっては日産を辞めざるをえないと覚悟した。

それからは副会長たちが私を監視し、常任会以外では自由に常任と話すこともできない状態が続いた。三副会長たちは陰で、専従役員に対して塩路批判の工作を続けていたが、私はこれに対抗する言動は一切せずに、日常の組合活動を蔑《ない》ろにしないように努めた〉（注6）

川又社長からの〝鼻グスリ〟

〈この時期、会社との関係では、国民車構想で私は川又社長と意見が分かれ、五十嵐常務（設計部担当）と協力して一〇〇〇ｃｃの小型車（サニー）の開発に動いていた。また、ＵＡＷのルーサー兄弟（会長、国際局長）が来日して賃金調査センターの設立を提案したのも丁度この頃である。

三十八年の節分を過ぎた頃だったが、小牧（引用者注：正幸）人事部長から「非公式に会いたい」と私の自宅に電話があった。国電五反田駅近くの喫茶店で会うと、小牧さんは封筒に入れた分厚い包みを私の前に出して、

「社長からです。聞くところによると、会長は組合の経費を使えないそうですすね」

「家を担保に銀行から金を借りましたから」と言うと、

「それなら是非これを使って下さい。川又社長の伝言ですが『清濁《せいだく》併せ呑むことも時には必要なことだ』と言っておりました」

と言われた。しかし私は、「何とかなりますから」と固辞して受け取らなかった。対等な労使関係を作るためには受け取ってはならない、と考えたからだ〉（注６）

「日産で俺の考えと違う方向で動けると思ったら大間違いだ」


〈五月の連休明けに、日産労組の三役から「茅ヶ崎の『恒心荘』（日産車体の寮）に来てほしい」という連絡があった。行くと、四〇人くらいの常任が集まっていた。彼らは、宮家氏側近の三副会長から次期組合三役の構想や塩路批判が流されて不安になり、会合を持っていた。

「もう三時間も情報や意見の交換をやっているが、塩路会長からの話はないし、どうしたらいいのか解らない。この際、会長の判断を聞きたいので来て頂いた」

と言っていろいろ質問が出された。

「会長と宮家さんとどっちが勝つと思うか？」と訊かれ、「どっちが勝つか解らない。しかし正しい方が勝たなければ、俺はそう信じてやっている」と答えると、

「川又社長はどっちにつくか？」と訊かれたので、

「そんなことは知らない。これは組合内部の問題だ。会社がどっちにつくかは関係のないことだ」と答えた。

このときに、もし〝小牧人事部長が社長の使いで会いにきた〟という話をしていたら、その直後の混乱は起きなかったのだが、私はそれを敢えて言わなかった。経営者の意向で左右される労働組合にしたくなかったからだ。

結果は予想した通り、殆どが宮家氏の側に付くことになった。すぐさま御注進に及んだ者がいて、出席者が次々に宮家氏及びその側近たちに呼び出され、脅されて反塩路を誓わせられた。その結果、最後に残った塩路派常任は日産労組約八〇人のうち、私を含めて高島忠雄など七人になっていた。

この頃、宮家氏は常任ＯＢの課長や現役常任約二〇人を集めて、こんな話をしている。

「実は、会長を相磯君にしようとも考えた。しかし、塩路君の飾らない良さ、行動力などを高く買って彼に譲った。それが一年も経たずに、私に対する態度が変わってしまった。何故だか分か

らないが、まるで別人のように私には頑《かたく》なになっている。日産で俺の考えと違う方向で動けると思ったら大間違いだ。職制も動かせるし、職場の隅々まで俺の息はかかっている」

私の宮家氏に対する気持ちは昔と少しも変わっていない。言いなりにラインを止めなかっただけだ。

民主化運動の時も日産労組の結成も、自動車労連の構想も組織の単一化や組合の強化策でも、労連会長交代の時期までは、何一つ二人の間に意見の齟齬《そご》はなかった。労使関係の近代化を先頭に立って進めてきた宮家氏が、どうしてこんなにも変わってしまったのか、どう考えても私には理解できないことだった。

川又社長を間に挟んで、宮家氏と石原氏との熾烈《しれつ》な綱引きがあったようだが、宮家氏は私に何も話さなかった。石原との対立抗争問題に私を巻き込みたくない、という悩みがあったようにも思う〉（注６）

「塩路は川又と組んだのではないか」

〈八月三十日の日産労組創立十周年記念総会を迎えた。総会会場は毎年浅草の国際劇場で、会社側は役員・部課長の代表、組合役員ＯＢ、それに常任、職場役員の約四〇〇〇人が参加している。

数日前に宮家氏から「表彰してくれるんだろう」と訊かれて、「えゝ勿論です」と答えると、「それじゃ、俺を最初から壇の上に上げてくれるね」と訊かれた。「考えておきます」と言って、翌日「私から表彰状を受け取るときに壇に上がって下さい」と答えた。

組合創立第一の功労者だから壇に上げるべきだと思ったが、先輩に対して済まないと思いながら、他の表彰者と同じ扱いにした。

些細《ささい》なことのようだが、このような一つ一つのことが重要だと思った。川又社長も記念総会で私が宮家氏をどう扱うかを見ている。

総会の会長挨拶のなかで、私は「『先人の後を追うな、先人の求めたものを求めよ』という言葉がある。時代の推移に合わせて活動を進歩させて行こう」と述べて、宮家氏を直接批判する言葉は避けた。私の真意は宮家氏に解ってもらえたと思う。

川又社長は「労使関係の安定と協力が日産の十年の発展を支えてきた。労使相互の信頼関係をこれからも大事にしていきたい」と挨拶された。これは現役執行部を支持し信頼するという意味である。執行部内部の動向は経営側に一切知らせてないから、以心伝心のような二人の挨拶になった。事件を知らない殆どの人には一般論のように聞こえるが、宮家氏と私にとっては意味のある言葉だ。

宮家氏は「塩路は川又と組んだのではないか」と取り巻きに漏らしたそうだが、私の性格からも労働運動に取り組む姿勢からも、そのような利己的で卑劣な行動は出てこない。私は、この問題は執行部の内部問題として経営者とは一切関係を持たずに解決しなければならないと考えて対処してきた。この問題が職場に漏れずに済んだことは幸いだった。この時から宮家氏側の動きは急速に弱まっていった。

私はこの一年四カ月の間、私の方から宮家氏を批判し攻撃したことはない。ただ、みんなで作ってきた日産労組・自動車労連の組織と労使の信頼関係を守らなければならない、と思い続けた。幾つか書かれた小説には、私が策を弄《ろう》して宮家氏を追い落としたように書かれているが、私はこの問題に無心で終始したと思っている。

九月に入ると宮家氏と川又社長の間で話がまとまり、宮家氏は堤清二《つつみせいじ》さんの西武グループの一つ、西欧自動車（欧州車の輸入販売）の社長として転出することになり、相磯氏など数人を連れて行くことになった。

これを聞いたとき、私は暗い気持になった。争議中からの同志が心ならずも日産を去る。日産労組の結成から労使関係の近代化、日産自動車再建への闘いの中で、民主化運動のリーダーとしての宮家氏の功績は大きい。彼が居なかったら、あの時期に日産労組は生まれていなかったろう。日産は惜しい人を失った。

こうなった責任は川又社長にもあると思った。結局、川又氏は二人のうち石原氏を選んだことになる。この頃は、私は石原という人を全く知らない。川又氏と石原氏の関係はどうなっているんだろうと思った。「幻のクーデター」に関与した人たちは、みんな二年以内に社外に出されたのに、主犯の石原氏だけが残ったのである。争議中洞ヶ峠を決め込んで何もしなかった者が残って、争議解決の功労者が日産を去った。

それから二十年経って、川又氏はこの選択を悔いることになる〉(注6)

宮家を追放し盤石となった〝労使協調〟

以上が塩路の主張のすべてである。宮家が役員昇格の取引材料にするためラインを止めた。労組を立身出世の踏み台とみなし、現場で働いたことのない労組官僚が、現場の労働者を駒としてしかみていないことがわかる。

それにしても、塩路の主張はきれい事すぎる。

その後の塩路の独裁者ぶりを知る者たちはシラケるにちがいない。

宮家追放の決め手となった秘密結社といえる企業研究会について、「私の入社以前には研究会はあったらしいが、私は企業研究会なるものを知らない」という。大卒キャリアの若手幹部の人脈で結ばれた企業研究会に、夜間卒のノンキャリアの塩路は、お呼びがかからなかったのだろうか? 本当にそうなのか。

〝天皇〟といわれた宮家の追放が、塩路による〝王位継承〟の転換点となった。

塩路が独裁者として権力の座を不動にしたのは、日産とプリンス自動車の合併である。合併を進めるうえで、大きな障害となったのは階級闘争主義に立つ左翼系のプリンス労組の存在だった。

川又社長の意を受けた塩路は、自動車労連の表組織と裏組織を動員し、あらゆる手を使ってプリンス労組の切り崩しに成功する。

「日産は塩路の会社なのだ」

1966年8月、日産はプリンス自動車工業を合併した。通産省（現・経済産業省）主導による自動車再編の一環である。プリンス自動車の合併が、川又の社長としての最大の功績である。

プリンス自動車は戦後、立川飛行機の技術者たちが設立した東京電気自動車が前身。ガソリンエンジンを搭載《とうさい》した自動車メーカーへと転身を図り、社名を、たま自動車に変更した。エンジンは旧中島飛行機系で富士重工業（現・SUBARU）に加わらなかった技術屋が集《つど》う富士精密工業に開発を委託。そのエンジンを搭載した新型車のデビュー時期が皇太子（今上天皇）の立太子礼と重なったことから、1952年11月、社名をプリンス自動車工業とした。

その後、富士精密工業と合併したプリンスは、スカイラインやグロリアといった高性能のクルマを開発。社名の縁で、宮内庁の御用達《ごようたし》となったほか、美智子《みちこ》妃（現・皇后）のためにグランドグロリアをつくったことでも存在感を誇示した。

皇太子自身もプリンスセダンやスカイライン、グランドグロリアを愛用していた時期があり、のちのち長く皇室御料車《ごりょうしゃ》として使われる日産プリンスロイヤルを開発するなど、皇室や宮内庁とつながりの深いメーカーだった。

皇室御用達というブランドと名車スカイライン、グロリアなどの車種、さらにはゼロ戦を造った中島飛行機の流れを汲む優秀な人材が、日産の戦列に加わった。プリンス自動車との合併によって、日産はトヨタ自動車に迫る国内第2の自動車メーカーの地位を手に入れた。

塩路が組織化の達人であり、偉大な〝喧嘩屋〟であることを実証してみせたのが、プリンス自動車の合併のときだった。プリンスの労働組合は、塩路が大嫌いな社会党（当時）系の総評の傘下にあった。塩路はプリンスの組合と一緒になろうなどという考えは毛頭なかった。最初から、相手を潰してしまうつもりだった。

〈塩路は、早くから日産側についたプリンスの組合幹部の助けを得て、プリンスの全労働者についての情報を入手していた。その情報をもとに、彼はプリンスの労働者を五つのカテゴリーに分類した。

Aは、すでに日産寄りで塩路に従う人々。Bは優秀な労働者で、転向しそうな人々。Cは中間で、どちらにつくか分からないので注意が必要だが、大体がまじめな労働者。Dは政治的でプリンス寄りの人間。一部はこちらに転向するかもしれないが、それは最後になってからだろう。Eの労働者は敵方。塩路の考えでは急進派、もしかすると隠れ共産党（員）かもしれない〉（注4）

プリンスの組合上層部の役員たちは高級料亭に招待され、日産側につくなら、将来を約束するが、さもなければ職を失うことになると脅された。

一般の労働者については、塩路の手下が近くの食堂に連れていき、説得した。日産側についた労働者は、それぞれ５人の同僚を次の集会に連れてくるよう約束させられた。これは、塩路が不《ふ》倶戴天《ぐたいてん》の敵としている共産党のオルグのやり方そのものだった。

日産がプリンスを合併したとき、プリンス労組の中央委員会メンバー45人のうち43人が塩路についた。労働者７５００人のうち、塩路は７３００人以上を獲得した。

プリンスの組合指導者だった鈴木孝司は、次のように述べた。

〈おれは敗北したのではない、征服されたのだ。（日産は）塩路の組合というよりも、塩路の会社なのだ。塩路があまりにうまくやっているので、塩路の上にいるはずの川又も、実はそれ（日産が塩路の会社だということ）を知らないでいるのだろう〉（注４）

人事権を塩路に与え、組合を抑えた川又

プリンスの組合指導者が、塩路が日産そのものであり、独裁者と見なしたのは的を射ていた。

塩路は権力志向の強い男である。労使一体化路線を進めた塩路が労組の指導者になってからは、それまで年中行事となっていたストライキはぴたりと熄《や》んだ。

川又は組合対策に気をつかうことなく、経営（乗用車の生産）に専念できた。その見返りとして、川又は塩路に人事権を与えた。人事権は権力そのものである。人事権を掌握すれば、社員を自由自在に支配することができる。

人事・労務は塩路派の巣窟《そうくつ》となった。労組（＝塩路）の同意がなければ人事や経営方針が決め

られないほどの影響力を行使し「塩路天皇」と呼ばれた。

高杉良《たかすぎりょう》は小説『労働貴族』（講談社文庫）で、1人の社員に、次のように語らせている。

〈塩路会長の悪口をいうことは、絶対にタブーです。社員同士で飲んでいるときでも　危なくて話せなかった。塩路批判でもしようものなら、お庭番みたいなスパイがいて、確実に塩路会長の耳に入る仕組みだった。現実に、左遷《させん》されたり、飛ばされた者の事例を知っている〉注8）

塩路は役員人事にも介入した。塩路が首を縦に振らなければ役員になれなかった。役員人事の季節になると、ご機嫌伺いに塩路のもとを訪れる候補者が後を絶たなかった。

自動車業界を担当していた筆者は日産ディーゼル工業の社長人事をスクープした。本人もその事実を認め、翌日の朝刊に書くことにした。ところが深夜になって、その役員が「明日の夕刊まで待ってくれ!!」と泣きついてきた。

理由を聞くと、「明朝一番で塩路さんにご挨拶に行くアポイントを取った。その前に新聞辞令が出てしまったら、社長就任は取り消される。私は社長にはなれない!!」。

筆者は仕方なく、夕刊まで待って記事にした。

銀座のクラブで、日産の労務担当重役が直立不動で塩路を出迎えていたという話も残っている。

塩路が経営に不当に介入するまで権力を行使できたのは、社長の川又が人事権を塩路に丸投げしたからである。川又に替わって、塩路が日産の新しい暴君となった。

川又克二は1973年11月、岩越忠恕《いわこしただひろ》にバトンタッチするまでの16年間、日産のトップとして君臨した。岩越社長時代の4年間も、会長として院政を敷いた。川又＝塩路の蜜月は20年間つづいたことになる。

日産社内に語り継がれている川又のエピソードがある。エピソードというより醜聞（スキャンダル）だ。

川又には芸者の愛人がいて、本妻がなくなると後妻にした。川又の家に夜回りに行くとこの女性が出てきて、「宅《たく》はもうやすんでおります。会社にお越しください」と冷たく言い放つのが常だったので、自動車担当記者のあいだでの評判は最悪だった。これはどうでもいいことだ。

この後妻が、紫色がとても好きだったので、日産はバイオレットという名前の新車を売り出した。本当の話である。深く印象に残っているので、もう一度書くことにした。

二重権力の頂点に立つ

川又は日産を足場に、日本自動車工業会の会長、経団連副会長、日経連副会長、東京商工会議所監事などの公職についた。

川又が名誉欲から日産の外に関心を移しはじめたとき、塩路にキングメーカーになる絶好のチャンスが訪れた。

前出の『日産共栄圏の危機』は、こう書いている。

〈彼（引用者注：塩路）は、あるときから川又社長を攻撃しはじめた。部課長会、係長会、宝会（引用者注：主要協力企業が加盟するサプライヤーの組織）の社長会、販売店社長会、こういった集まりにでかけていっては一席ぶった。関連企業の社長や日産の部課長のなかで、川又攻撃の塩路演説をきかない者はいないといわれるほどである。

川又攻撃のポイントはこうである。日産では、日産はえぬきの社長が椅子についたことはない。川又だって興銀の人間だ。川又はえらそうぶってるが、日産の仕事はなにもしないで経団連の椅子ばかりねらっている。これではトヨタに水をあけられ、設備投資もおくれていくばかりだ。早く日産プロパーの社長を迎えなければいけない。

塩路がこういって次期社長にかつぎだしたのが、当時、副社長だった岩越忠恕である。現社長（引用者注：本書が刊行された当時の社長）の石原俊《いしはらたかし》などに比べれば岩越は生粋《きっすい》の〝日産人〟とはいえない。だが、このさい、だれが生粋の〝日産人〟か、そんなことは二の次だったのだ。ある経営幹部は歯に衣きせないでいってのける。

「日産ってところは正論をはいたって人が動かないんだ。そして、自分の権力にとってチャンスとなると、盗人にも三分《さんぶ》の理じゃないが、なにがなんでもへ理屈をつけて権力をとってしまえば、それで勝ちになる。へ理屈もそれでちゃんとした理屈になっちゃうんですよ。S（塩路）はまた、これが実にうまい。しかもSが選んだ相手は、芸者遊び一つできない岩越さんでしょう。人格高《こう》邁《まい》なだけに、東大はでてるが、日産というところでは毒にも薬にもならない。

宮家さんも利口だから、この岩越さんを労務担当重役にしてうまくやってきた。こんどは、Sがさらに岩越ロボットを社長に仕立ててかつぎだそうとしたわけだ。そのためへ理屈をくっつけて川又攻撃をやってね。ウソと思うならきいてごらんなさい。日産の役員でなくても、職制ならみんな知ってますよ」

多少の誇張はあるにしても、塩路と自動車労連、さらには塩路の息のかかった経営幹部のあとおしで、七三年には、岩越社長時代を迎えたのである。川又は会長に祭りあげられたが、彼はこのときすでに、次期社長に石原俊を考えていたといわれる。しかし、塩路との協調関係を維持し自らの保身もはかるために、岩越社長支持に切りかえたといわれる。

〈中略〉塩路は岩越を陰で操縦しながら、労使〝二重権力〟の頂点を築いたのだった〉（注７）

当時、塩路の二重権力体制は、隣の韓国の独裁者、朴正熙《パクチョンヒ》大統領になぞらえて、〝朴政権〟と呼ばれた。

同書は、日産圏の経営幹部の話を、こう伝えている。

「日産の労働組合は御用組合だなんていう者がいるが、とんでもない見当ちがいだよ。日産の会社の方が、組合のいいなりになる御用会社なんだ。〝朴さん〟は組合の方にいるんだから」

塩路は自著で『日産共栄圏の危機』に猛反論した。同書のネタ元は石原俊だと断じている。川又専務追い落としの「幻のクーデター」について、中心人物の石原俊が抜けていることを指摘。

石原が、自分の存在を隠して喋ったとみなした。

「石原氏が川又・岩越時代の労使関係を否定し、事を構えて執拗《しつよう》に私や組合を攻撃し続けたのは、この企みに失敗して社長になるのが遅れたことに対する逆恨みからだ」と決めつけた。

二重権力体制の頂点に立つ塩路の前に立ち塞がったのが、塩路の〝天敵〟となる石原俊である。

第3章　改革という名の権力抗争——石原俊

「俺は40歳代で社長になってみせる」と公言する男・石原

石原俊《いしはらたかし》は1912（明治45）年3月3日、東京・麴町《こうじまち》に生まれた。1937（昭和12）年、東北帝国大学（現・東北大学）法文学部を卒業、日産に入社した。東大など一流大学の卒業者は、官庁や財閥系の金融機関に入るのが定番だった。地方の大学を出た石原は、日産コンツェルンの創設者、鮎川義介《あいかわよしすけ》が1933年に設立したばかりの新興企業の日産自動車に入り、経理畑を歩いた。

戦時中には徴用を免れ、戦争に行かなかったので、とんとん拍子で昇進した。石原の世代はほとんど戦争に行ったから、社内には競争相手がいなかった。

石原は、これまたなかなかの野心家であった。

〈仲間内の飲み会で「俺は40歳代で社長になってみせる」と公言し、日産の創業者鮎川にも「君は将来、日産を背負う男だ」と期待されていた〉（注9）

浅原源七《あさはらげんしち》社長時代の1951（昭和26）年に39歳の若さで部長になった。だが、〝政変〟で川又克二《かわまたかつじ》に社長が交代し、石原は閑職に回された。経理部長から輸出担当に異動になった。

輸出はいまなら自動車メーカーの花形部門だが、当時は、あって無きがごとき部署だった。50人以上の部員を抱え、会社にまたがる財務・経理を仕切っていた経理部長から、部員が十数人の輸出担当に飛ばされた。浅原派と見なされ、みえみえの左遷《させん》を食らったのだ。

１９６０年、日産の輸出担当取締役だった石原は、米国日産自動車の社長に任命された。体よく本社から追い払われたわけだ。１９６５年まで米国子会社の社長を務めた。

本社の取締役に復帰した石原は、国内市場向けに１０００ccの「サニー」の製造を提案した。この案に川又が激しく反対したが、サニーは日産のベストセラー・カーとなった。

なお、サニーは塩路も、自分と五十嵐設計担当常務が提案したと自著に書いている。しかし、日産の〝正史〟では石原が提案したことになっている。

１９７３（昭和48）年、川又が社長を退くとき、誰もがサニーを日産の新しい主力ブランドに育て上げた石原が社長の椅子に座るものと思った。

だが、川又は石原を外して岩越忠恕《いわこしただひろ》を起用した。塩路が石原を激しく嫌っていたからだ。石原にやっと出番が回ってきたのは４年後。65歳のときだ。

国内販売で失敗、海外重視に転換

１９７７（昭和52）年６月、石原は、やっと社長になった。やや遅咲きだったが、派手なデビューぶりだった。「打倒トヨタ」を掲げて、颯爽《さっそう》と登場した。〝攻めの石原〟と、全国紙や経済誌は一斉に報じた。

１９０センチ近い巨漢で鋭い視線を持った石原は、サニーをヒット商品にしたこともあって、メディアにも受けがよかった。

社長就任から3ヵ月後、石原は本社勤務の全社員を集めて、こう宣言した。

「私は2年後に国内販売シェアでトヨタを抜いて、日産を日本一の会社にしてみせる」

しかし、見果てぬ夢に終わる。新車開発には最低4年の期間が必要だが、この当時の日産には、新製品によるシェア拡大は望むべくもなかった。日産には資金の余裕がなく、販売店への報奨金の用意ができなかった。報奨金なしで、販売店にシェア・アップのノルマだけを課した。

販売店をないがしろにした無茶苦茶な拡大方針は、すぐに販売シェアに跳ね返ってきた。石原の就任時に30・1％あった国内販売シェアは、翌年には28・8％に低下。シェア拡大路線はあえなく挫折《ざせつ》した。

トヨタを抜くどころか、差は拡大した。

国内販売の失敗を取り戻すべく、石原は方向を大転換する。

新しい経営方針「グローバル10」を打ち出した。これは、世界の自動車販売における日産のシェアを10％に引き上げるというものだ。この攻めの経営方針が、その後、10年近くつづく労使対立の導火線となった。

〝フェアレディZの父〟片山を嫉妬から放逐

「グローバル10」を達成するため、石原は、2人の男の封殺《ふうさつ》に全力を挙げる。石原も日産トップの系譜どおり、暴君なのである。

ひとりは、米国市場開拓の最大の功労者である片山豊《かたやまゆたか》である。北米日産自動車の初代社長である片山は、日本人ではトヨタの豊田英二《とよだえいじ》やホンダの本田宗一郎《ほんだそういちろう》とともに米国の自動車殿堂入りを果たした快男児だ。だが、石原が社長になると、片山の名前を口にすることはタブー中のタブーとなった。

片山は、米国ではダットサンブランドの車を売りまくった。最大のヒットになったのが、１９７０年に発売した「Ｚカー《ズィー》」。日本名で「フェアレディＺ」。若者をターゲットにしたスポーツカーだ。日本車なんかに見向きもしなかった米国の若者に、「Ｚカー」を「ＤＡＴＳＵＮ２４０Ｚ」のブランドで売りまくった。

片山は米国在任17年間で、年間販売台数が１５００台だった日産を、米国における輸入車売上げ１位のメーカーに引き上げた。

しかし、片山の名声が高まるほど、石原との亀裂《きれつ》は深まった。石原は、片山を本社の役員にしなかっただけでなく、とうとう日産から追放した。

１９８１（昭和56）年、石原は「ＤＡＴＳＵＮ」ブランドを廃止し、世界統一ブランドを「ＮＩＳＳＡＮ」とする方針を打ち出した。片山を思い出させる「ＤＡＴＳＵＮ」を葬《ほうむ》り去ったのである。さらに、若者向けにつくっていた「Ｚカー」を高級車へと衣替えしてしまった。

「Ｚカー」の生みの親である片山は、「ブランドはユーザーのもの。売る側の都合を押しつけてはいけない」と述べている。まさに至言である。

「DATSUN」を使わなくなったため、全米で日産のクルマは販売不振に陥り、経営が悪化した。片山の名声に嫉妬《しっと》した石原の失政のツケは、じつに大きかった。

塩路憎しで決めた米国トラック工場

石原は、もうひとりの男の抹殺に全精力を注ぐことになる。日産労組を牛耳《ぎゅうじ》り、労働界全体にも巨大な発言力を持つ〝天皇〟塩路《しおじ》一郎《いちろう》を叩き潰すことである。

塩路vs石原の対決の行き着く先は、人事権を誰が握るかであった。石原が社長になったのだから、石原が人事権を握るのが当然である。労使協調路線の名を借りた労組（＝塩路）の経営介入がある限り、日産に21世紀の繁栄はないと考えた石原は、塩路から人事権を奪取することを決断した。

この時期、石原は人事権を掌握したいと考え、一方の塩路は米国進出を狙っていた。

塩路は当時、米国に乗用車の生産拠点をつくりたいと考えていた。この工場の労働者をUAW（全米自動車労働組合）に加盟することで、塩路は国際的な自動車労組の指導者になる野望を抱いていた。塩路の若い頃からの友人たちがUAWの幹部になっていたことが多分に影響した。

1980（昭和55）年1月、石原は米国での現地生産計画を発表した。石原は川又の支持を取りつけ、塩路の野望を打ち砕いた。塩路が主張した乗用車ではなくトラックの生産拠点を設けることにし、UAWを排除した非組合の工場にした。

小型トラック工場は米テネシー州に建設され、１８００億円の巨費が投じられた。

石原は21世紀を見据えた長期ビジョンに基づき米国進出を決めたわけではなかった。塩路をこれ以上、増長させないための米国進出である。近視眼的な決定の後遺症は、じつに大きかった。

石原が米国で乗用車を生産しなかったため、米国工場をドル箱にすることができなかった。このとき乗用車をつくっていれば、当時、世界最大の自動車市場だった米国で他の日本メーカーのように稼ぐことができたのに、塩路の案だということで乗用車を忌避《きひ》したのである。米国工場でのビッグプロジェクトを脱線させた責任は重い。経営者失格である。

今日《こんにち》にいたるまで、日産が米国市場でトップ３に入ることができないのは、最初にボタンの掛け違いがあったからにほかならない。

石原vs塩路から英国進出をめぐる労使対立へ

石原と塩路の対立が全面戦争になったのは、１９８１（昭和56）年1月、石原が英国工場の建設計画を発表したからだ。剛毅《ごうき》で知られる石原は「会社の方針は経営が決める」として、英国進出を塩路にまったく相談しなかった。

ただちに塩路が率いる自動車労連は東京・大手町の経団連記者クラブで会見し、英国進出に反対を表明した。

「日産　深刻な社内亀裂」「内憂外患　日産の英国進出」「ついにお家騒動」――新聞各紙はいっ

せいに書き立てた。

塩路は「強行したら生産ラインを止める」と石原を脅《おど》した。海外進出に慎重な会長の川又が塩路を支持し、社長の石原を批判したため、社内は大混乱した。

塩路が英国進出に反対したのは、米国進出にあたって自分の案をないがしろにされた恨みがあったからだといわれている。いわば私憤である。

英国の労働組合は塩路が大嫌いな左派が支配しており、米国のUAWのように人的パイプがなかったことも重なった。塩路は英国進出の反対の狼煙《のろし》をあげることで、石原の失脚を狙ったのである。

英国進出問題では、石原が不利な立場に立たされた。労組は、「英国は山猫スト（指導部の承認を得ずに、組合員が突発的、散発的にストライキをおこなうこと）が多い。計画した生産ができず、日産本体の経営が危うくなる」と主張した。山猫ストは現実にあったわけで、石原は返す言葉がなかった。

流れが変わったのは1982（昭和57）年のことだ。〝鉄の女〟といわれた英国のマーガレット・サッチャー首相が来日した。来日の目的は日産の英国進出を前進させることだった。サッチャーを出迎えたのは進出に反対の川又で、推進していた石原はあいにく海外に出張中だった。

サッチャーの来日で、日産の英国進出問題は日英の政治上のテーマになった。振り子は、推進派の石原に振れた。英国進出は国家が後押しするプロジェクトとなった。財界の長老たちは、川又に反対するのをやめるよう説得した。流れを読むのに長《た》けていた川又は、反対の立場を撤回した。

１９８３（昭和58）年、川又は会長から相談役に退き、石原が完全に経営の主導権を握った。

ここから塩路への本格的な反攻がはじまった。

「サッチャーさんも必死で川又さんを口説くでしょう」

日産の英国進出は、日産が衰退を早める転換点であり、石原俊と塩路一郎の労使の２人のドンの抗争が頂点に達したときでもある。

奥の院で何がおこなわれたのか。塩路一郎が自著『日産自動車の盛衰』で、赤裸々に暴露している。

塩路の自伝の白眉《はくび》といえる部分だ。当時の経営陣と政治家の動きがよくわかる。

ここでは独裁者同士の権力闘争における〝敗者〟の側からの証言として取り上げる。

〈（引用者注：一九八二年）九月中旬、私は九年ぶりに川又会長に会談を申し入れた。会長が英国問題をどう考えておられるのか知りたいと思ったからだ。九年ぶりというのは、川又氏が社長を岩越氏に譲られたとき（昭和四十八年）に、私が「トップ会談は社長一人に絞った方がいいと思いますが」と意見を述べると、「僕もそれの方がいいと思うよ」と言われ、以来、石原氏が社長になってからも、川又会長との会談は控えてきたからだ。

そのとき（昭和五十七年九月十三日）のテープ速記をひもとくと、川又会長が何を考えておられたかが解《わか》るので引用しよう。

塩路「石原さんは『マーチは起死回生のための戦略車種だ』なんて村山工場のオフライン式で言ったそうですが、赤字のマーチが戦略車種では困りますね」

川又「一番安い車だね、あれはまた損の上塗りだ。シェアーが増えるだけ赤が増える。とにかく、いま国内で売る車で利益が出てるのはセドリックとグロリアくらいで、あとは全部赤だね。よくこれで飯が食えてるなと思うよ。だから僕はね、『英国なんかとんでもない』って言ってるんですよ、『この赤字を見ろ』と。それなのに、輸出で稼いだやつを海外投資に回すでしょう。だから心細くてしようがない」

塩路「悪いことに社長は、金は幾らでも借金すればいい、と思ってるようですよ」

川又「それは今なら借金は出来ます。でも返さなきゃならないんですよ。この投資は安全か安全でないかを、ちょっと考えてみたら良さそうなもんだと思うね。

米国にも出た。スペインにも出た。イタリーにも出た。オーストラリアの工場も、それからメキシコにも。石原になってから急にこういう海外プロジェクトが増えた。この上英国に出れば、英国の場合も相当な負担が予想される。これをカバーする力が日産にあるのだろうか、というのが私が判断に迷うところだ」

塩路「力の分散はいけませんね。海外での乗用車生産はあっちこっちでやらずに、まずアメリカでやるべきなんです」

川又「トヨタは自販・自工を合併した力が、外に向かっては損をしないような算盤《そろばん》でＧＭなんかと合弁で行く。内に向かってはとにかく販売競争を挑んで来るに違いない。それが日産のシェアーがだんだん沈んでいく有力な背景じゃないかと思う。

トヨタが余計な力を使わないで内地の市場を固めようとしているのに対して、日産はあっちこっちに手を出して、……軽薄だよな」（中略）

六日後にサッチャー首相と会うことになっていた川又氏は、

川又「とにかく『赤坂にお茶に招待したい』とこう言われたんだけどさ、自分が国賓《こくひん》として泊まっている所に招待したいと言うんだから、おかしなことがあるもんだなと僕は思っているんですよ。僕はビッグニュースにならないけど、あっちは大英帝国の首相ですからね。おまけにフォークランドで名を売った鉄の女だからね。僕がにべもない挨拶をしたりしたら、彼女どうするんだろうと思ってね。かと言って、彼女に都合のいいような返事を用意するわけにはいかない」

塩路「それがサッチャー首相の作戦かもしれませんね」

川又「首相が懇請しても撥《は》ね付けられちゃった、なんてなったらどうなるか。困るんだと思うよ。だから日本政府もね、『会ってあなたの立場が悪くなるような事はおやめになってはどうですか』と、言うべきだと思うんですよ」

〝彼女と二人で会ってしまえば、どういう風に説得され、言質《げんち》を取られるか解らない〟と川又会長はかなり悩んでおられた。私はこのとき、川又氏が英国進出に反対の意向を持っていることを知って、何とか会長を支えて日産の安全を守ることを考えよう、と思った。

翌日、桜内義雄《さくらうちよしお》外務大臣にお会いして、

「サッチャーさんが強い態度で交渉するということにならないように、事前にうまく話しておいていただけませんか」

と相談した。桜内氏は日産・プリンス合併の時の通産大臣だったことから、それ以来、折に触れてお付き合いを続けてきた仲だ。ところが、桜内氏ときたら、「まあ、塩路さんだからざっくばらんに言うけど、今度サッチャーさんが来るのは政治折衝《せっしょう》と企業レベルの折衝だ。政治協力の方は私どもがほどほどにうまくやりますが、企業協力となると私たちが干渉《かんしょう》する話ではないので、お願いするしかない。

サッチャーさんは大変にしたたかな女ですよ。あれやこれやで責められて、川又さんも大変でしょう。何とかして差し上げたいが、こうなってはもうダメなんです。サッチャーさんも英国内で議会に攻撃されて、もう後には退けないでしょうから、必死で川又さんを口説くでしょう。川又さんには『頑張って下さい』とお伝え下さい。

これは一騎打ち見物になります。見物ですなあ、ワッハッハッ」〉（注６）

石原の謀略だった「サッチャー＝川又会談」

〈実はこの会談は、石原社長が役員会における退勢挽回を図る（引用者注：川又会長の反論を封じる）ために、大熊（引用者注：政崇）副社長と謀《はか》って実現したものだった。

石原　「八二年の九月十九日、川又さんがサッチャー首相と会った。このとき苦労したのは二人だけの会談にしたこと。余人を交えず率直に話し合ってもらおうという狙いだったが、困ったことが起きた。当時の駐日英国大使ヒュー・コータッチさんが、『外国の民間人と英首相だけの会談は外交儀礼上前例がない。大使が同席するのは慣例であり、日産の要求は受け入れられない』と拒否された。何とか粘って口説いたが、大変だった」

記者　「川又会長の考え方が変わった？」

石原　「いや。英国進出は危険、日産の屋台骨が揺らぐという考えはそのまま。ただ、サッチャー首相があんなに熱心なのに、何もしないのもまずい。顔をたてる方法はないかと思い始めたようだ」（平成元年、日経産業新聞『証言　昭和産業史』より）

と、石原氏は得意げにこれをマスコミに伝えているが、これはサッチャー・川又会談の六年後で、川又氏はこの裏を知らないままですでに亡くなられていた（一九八六年三月二十九日）。

サッチャー首相との会談の翌週、川又会長にお会いするとこう言われた。

川又　「とにかく川合（引用者注：勇）君（常務）の書いた数字では十年目にまだ一〇〇億単位の繰越損が残っている。てんで算盤にならない。われわれはサッチャーさんに義理を立てたり、不払いをつくるために英国に行くんじゃない。この会社の発展と収益の増加のためだ。日産の海外進出は華々しくて大向こうの喝采《かっさい》を博しているから、石原は行きたいだろうよ。僕も事情が許せば行っても良いと思うけれど、日産にそういう力があるかという力の判定もしなければダメじゃないのか。

だけど二年間も引っ張ってきて、今更ダメだと言えるか、という問題になると僕もまったくもって頭が痛い。

僕は一昨年（昭和五十六年）一月下旬にこう言ったんです。『日産の現地生産の調査に英国政府が援助の約束をするとか、議会で発表するというようなことはやめろ』と。『うまく行ったらいいが、まずかった時はにっちもさっちも行かなくなるよ。だから、そういうことだけはやめなさい』とも言ったけれど、その時は石原も大熊（副社長）も、もう行きたくて行きたくてカッカしているから、これはいい話が飛び込んできた、ということで有頂天になっていたらしくて、他人の話はうわの空だよ。それで議会（英国）で発表しちゃった」

塩路　「石原さんは『今年はいままでの海外投資の花が咲く』と言ってますが、輸出関係の人たちは『これじゃあどうしようもない。社長は解ってくれない』と言っています。私は『あれは真っ赤な花だよ』と言っているんですが」

川又　「花なんか咲きはしないよ。蕾《つぼみ》のまま落っこちちゃうんじゃないの」

川又会長はサッチャー首相と会談してしまったことで、進出そのものには反対できない立場に追いやられてしまった。そこで計画を二段階方式にして、最初はノックダウン生産による実験工場で始め、後に経過を見て、本格的に進出するかどうかをあらためて決定するという妥協案を主張していくことになる。

かくして、日産内部でこの問題に正面から反対できるのは労組しかいなくなった。日産を守るために、私の立場は非常に難しい、かつ重要なものになった。

ところがその後、行政管理庁長官から総理大臣に就任した中曽根《なかそね》康弘《やすひろ》氏の動きで、この問題は日・英の政治プロジェクト化され、私は思わぬ火の粉を被ることになる〉（注６）

中曽根康弘が塩路に依頼したこと

〈このサッチャー・川又会談が行われた翌月（十月）の下旬、行政管理庁長官だった中曽根氏から、私はこんな相談を持ちかけられた。

中曽根　「実は竹入《たけいり》委員長（義勝《よしかつ》氏、公明党）にお会いしたいので、塩路会長からお願いしていただけませんか」

塩路「竹入さんと中曽根さんは、知らない仲じゃないでしょう。直接、お話しされてはいかがですか」

中曽根「いや、塩路会長と竹入委員長は格別に親しい間柄とお聞きしています。塩路さんからお話ししていただくということが重要なんです。是非お願いします」

塩路「はあ、そういうことなら」

このとき、中曽根氏が総理になれるかどうかは、当時〝闇将軍〟と呼ばれていた故・田中角栄《たなかかくえい》元総理大臣の意向にかかっていた。しかし、〝中曽根嫌い〟で知られていた田中氏を口説き落とすのは一筋縄ではいかない。それを苦慮しての中曽根氏の依頼である。

私と中曽根氏は昭和五十年、石原慎太郎《いしはらしんたろう》氏が出馬した東京都知事選挙の時に親しい間柄になった。私と竹入委員長も選挙を通じて親しくなった関係である。昭和四十三年の参議院選挙で、自動車労連は初めて田淵（哲也・民社党）氏を全国区から国会に送り込んだが、自動車労連は公明党、創価学会から徹底的な攻撃を受け、全国で十数人もの組合員が公職選挙法違反で留置場に入れられるという事態になった。

このことで私が公明党本部に単身乗り込み、首脳部と話し合いをしたのがきっかけで、それ以降、われわれは信頼に満ちた関係を維持してきた。

そこで私は、ＪＲ四ツ谷駅近くの料亭『つるよし』に席を設け、中曽根・竹入会談をセッティングした。そして中曽根氏の要望で私も同席することになる。

席上、中曽根氏は、

「今日は竹入委員長でなければできないことをお願いしたくて、塩路会長にお願いしてこの席を作っていただきました。私をぜひ総理にしていただきたい。ついては田中先生に何とぞ、よしなに、お取り次ぎいただけないでしょうか。田中先生は必ずお守りします」と、額《ひたい》が畳につくくらいに深々と頭を下げた。会談後、竹入氏が、「塩路会長、どうしようか」と言われたので、私は、「あれほどまでに頭を下げて頼むのですから、骨を折ってあげてはいかがでしょうか。勿論《もちろん》これは、委員長のご判断にお任せすべきことですが、……」と申し上げたが、結果は、中曽根氏が総理大臣になったことで明らかだろう。

中曽根氏が「田中先生は必ずお守りします」と言ったのは、〝ロッキード事件から〟という意味だ。また、竹入氏と田中氏の間には、竹入公明党委員長が訪中時に周恩来《しゅうおんらい》首相から託された親書を田中新総理に手渡し、これが田中氏の訪中を促して日中共同声明の調印（一九七二年九月二九日）となった、という経緯があった〉（注６）

政治案件と化した英国進出問題

〈こういう関係もあって、中曽根氏が行政管理庁長官のときに、私は日産の英国進出問題の事情を詳しく説明し、このプロジェクトの無謀さはよく理解してもらっていると信じていた。だから中曽根氏が昭和五十七年十一月に総理になったときは、もしかしたら総理に止めてもらえるかもしれないとも思ったものだ。

ところが昭和五十八年六月十二日、海外出張から帰国した私が成田空港に降り立つと、自動車労連の役員が待っていて、六月七日付の毎日新聞を差し出した。そこには、『決断迫られる日産、プロジェクトの政治色強まる』という見出しで、「ウイリャムズバーグ・サミット（引用者注：米ウィリアムズバーグで開かれた第９回先進国首脳会議）でサッチャー英首相から託された日本企業の英国進出要請を、中曽根総理が石原社長に伝えた」旨が記されていた。

私は目を疑った。あれほどこのプロジェクトの危険性を説明しておいたのに、サッチャー首相と組んで日産を追いつめるようなことをするとは何ごとかと。それに、総理がこんなことをすればアメリカを刺激し、日米自動車摩擦《まさつ》にも悪影響を及ぼす。

私はすぐに中曽根総理に会談を申し入れ、翌十三日にお会いした。そこで私は中曽根氏の真意を伺った。中曽根氏は、

「あれは私から日産の社長を呼んだのではなく、石原さんの方が『勲一等《くんいっとう》（引用者注：勲一等旭日大綬章《きょくじつだいじゅしょう》）をもらったお礼をかねて話がある』と言うので会ったんです。それで、折角会ったのですから、日産に関係のあるサッチャー発言を伝えないわけにはいかないので、こういうことがサッチャーさんとの雑談でありましたよ、という意味で伝えただけです」と仰しゃる。そこで私が、

「それは言わないでいただいた方が良かったと思いますが」と言うと、

「でも、まるっきり言わないのも変だと思うし、サッチャーさんは日産とか自動車という固有名詞は使わなかったけれど、『日本企業がイギリスに来ることを期待している』という話があったんで、日産も英国計画があるからまあ無関係ではないと。そういうことでお伝えしたんです。決して、政治的な圧力というような話ではありません。それがああいう新聞報道になって私も驚いております。大変困りました」

困りましたですむ話ではない。

「総理がどういう意図で、どういう言い方をしようと、関係者が聞くと政治的な意味合いで受け取ります。それに、これは日米自動車摩擦にもマイナスの影響を与えますよ」と言葉を重ねると、

「自分にはそういう意図はありません。だから誤解しないでいただきたい。これは塩路さんにもお伝えしようと思ったんですが、外遊中とのことで遅れてしまい申し訳ない」と言われた。

二日後（昭和五十八年六月十五日）、川又会長にこのことをお話ししたら、意外な事実が解った。

川又　「何か石原君は、『私は勲一等のお礼を言うつもりだけど、あっちはサッチャーの言葉を伝えたい、ということらしい』と言ってたね。そういうことでしょう」

塩路　「どっちが声をかけたんですか」

川又「それは明らかに向こうが呼んだんですよ。石原君を」
塩路「総理が呼んだんですか」
川又「当たり前だよ」
塩路「はあ……。そうすると、私への話と違いますね」
川又「僕から石原君に確かめたんじゃないけど、『明日、総理が会いたいって言ってるから』って言ってたよ。
だけど、僕も勲一等（引用者注：勲一等瑞宝章《ずいほうしょう》）もらったけれど、三木《みき》（武夫《たけお》・元首相、故人）さんにお礼なんか言わなかったよ。誰が勲章を貰ったお礼に総理のところに行くものですか。勲章は陛下から頂いたんで、総理から貰ったんじゃありませんよ」〉（注6）

「総理は私にウソをついた」

〈数日後、藤波孝生《ふじなみたかお》（ママ）官房長官から電話があった。彼を総理官邸に訪ねると、さらに意外な中曽根氏の反応を知った。
藤波「塩路さん、この前あなたが帰った後、総理のご機嫌がかなり悪かったけど、何か総理を怒らせるようなことを言ったの」
塩路「いいえ、あの日は総理と話をした後、藤波さんのところに寄ってその内容をお伝えしましたね。それ以外のことはありませんよ」

藤波「変ですねえ。あなたに対して相当にご立腹なんですよ」
塩路「そう言われてもねえ。思い当たりませんね」
藤波「生意気なやつだ、というようなことを言われていたので、気にしてたんですが、そんなやりとりがあったんですか」
塩路「中曽根さんは一国を代表する総理です。私がそんな失礼なやりとりや言葉遣いをするはずがありませんよ」
藤波「そうですよね。でもあれは中曽根と塩路さんの今までの関係から考えると、ちょっと異常なんで心配してたんです。総理との関係がこのままではまずいと思うので、なんとか修復したいのですが、理由が解らないとねえ」
塩路「あの日は石原さんの申し入れではなくて、総理が呼んだようですね」
藤波「……。あれは確かにそうです」
塩路「それですよ。総理は私にウソをついた訳です、正直に言ってくれればいいのに。それと、総理としてとった行動にケチを付けられた、と思ったからでしょう」
藤波「……」
結局、私と中曽根氏との関係はこれを契機に急速に冷えてしまう〉（注６）

「経営権への介入」に踏み込んだ日産労組

日産の石原俊社長と日産労組の〝天皇〟塩路一郎会長との確執は、「英国進出問題」をめぐる軋轢《あつれき》として火を噴いた。

1983（昭和58）年8月、塩路は経団連記者クラブで記者会見し、「英国工場進出反対」を強烈にアピールした。企業の根幹をなすような経営計画に組合が公然と異を唱えるのはきわめて異例なことだった。

社長の石原は「越権も甚《はなは》だしい」と烈火のごとく怒った。内心では、これで塩路を追い落とせると、喝采したのではなかったのか。労組が「経営権への介入」をする。やってはいけない一線を踏み越えたからだ。塩路は、オウンゴールを蹴り込んだのだ。自伝で、記者会見についてこう綴《つづ》った。

〈中曽根氏の不可解な動きに加え、日産社内では、役員会で川又会長が提案した二段階進出案を、石原社長がどうしても呑めないと頑張っている。

また、労組は英国進出に関する調査結果と問題点を資料としてまとめ、これを会社に提出して再三回答を求めてきたが、一年以上にわたって何ら返答はなく、中央経協も拒否されたままに事態は推移していた。労組としては、石原社長が極秘裏に特使を派遣し、英国政府に進出を伝えるかも知れない、という不安にかられた。

さらに五十八年一月には、アメリカでＵＡＷのレイオフ（一時解雇）が二六万九四〇〇人という史上最高の数字を記録。その最中に日産の英国乗用車工場進出が発表されようものなら、日米自動車摩擦は大変なことになる、と私は考えた。

そこで八月十八日、私は経団連記者クラブで会見を開き、同日、会社に提出した「英国工場進出問題についての申し入れ」の説明を行った。これが〝英国進出反対声明〟と言われたものだ。この記者会見は、

（１）中断されている中央経協を再開させ、英国問題を労使協議の俎上《そじょう》に載せる。

（２）ＵＡＷと米国政府に「日米貿易摩擦を真剣に考えている組合もある」とアピールする。

（３）英国政府に、日産の組合は会社の英国進出案に反対の意向を持っている事を伝える。

ということを意図しての行動だった。

しかし私にもこれを躊躇《ちゅうちょ》する気持ちがあった。それは、この行動が〝労組の経営権への介入〟に当たりはしないだろうかということだ。それまで私は、石原氏の言うような『経営権への介入』を、ただの一度たりとも冒したことはないと自負していた。しかし、ここで一度でもそれをやってしまうと、以後、石原社長はそれを錦の御旗として、労組攻撃に拍車をかけるであろうことは目に見えている。

日産労組が中央経協の場で会社の経営方針について協議することは『経営権への介入』には当

たらない。しかし、記者クラブという場で、会社の方針に反対の意見を述べることはどうだろうか。

悩んだ私は、経団連会長である稲山嘉寛《いなやまよしひろ》新日鐵会長と、日経連専務理事の松崎芳伸《まつざきよしのぶ》氏に相談することにした。私がことの経緯と私の気持ちを一時間にわたって稲山氏に打ち明けると、稲山氏は、「男子たるもの、これが正しいと思ったら、おやりになったらどうですか」と言われる。松崎氏も、「塩路さん、それは経営権への介入には当たりません。安心しておやりなさい」と励ましてくれた。そこで私は意を決して、昭和五十八年八月十八日の記者会見に臨んだのである〉(注6)

塩路敗れたり

英国進出問題はすぐれて国家間の政治案件だった。塩路の捨て身の反撃も空振りで終わった。すでに決着がついていた。

塩路は敗れた経緯を、こう述懐した。

〈石原氏と会った翌週、九月下旬に川又会長から電話があった。会長室に伺うと、

川又　「川合(勇、常務)君が行きましてね、『当方としてはこういう風にやりたい』ということを向こうに伝えました。それを、あなたに話すために来て頂いたのです。

骨子《こっし》はね、『日産が輸出割当で貰ってる中から、月二千台を現地で組立てる。それを本格的な

規模の工場にするかどうか、その最後の詰めを二～三年先に延ばす。引き返して来るか次に進むかの見極めは、採算ベースに乗るか乗らないかで決める、という主旨なんです。

だけど向こうはね、『単なる組立工場だけというのは受けかねる。組立工場の次に何をするかという事をハッキリ示してもらえないか』って言う。

僕はサッチャーさんに手紙を出したんです。なぜ長引いてるかの理由を率直に書いてね、『十年の計画でも、なお日産には不安が残る。だから英国政府も、何か保証を考えてもらえないか』と。ところが、補助金の増額は向こうがちっとも興味を示さないで、『次にやるスケジュールをハッキリしてくれれば、我々としても考えてみたい』と言って来たんです。

原案では不安だからノック・ダウン工場をやるので、『先の図は描けない』って言ったんだけど、『先の図がないと英国民が落胆する』というようなやり取りがありましてね、『それじゃあ、先の見取り図ぐらいは出しましょう。但し、それ以上進むか進まないかは、あげて日産の判断による』ということを強調したのがこれなんですよ。それでやめて帰って来れば、恐らく百七～八十億の損失ですむ。どうぞ、それをお読み下さい」

……沈黙……

川又「経過をお話すると、去年の九月サッチャーが来て僕にいろいろ話していった。それから以降、話が何も進展してないんです。僕が黙ってると石原君は何も案を持って来ない。その間に日本から人が行けば、英国政府の要人は『日産に出て来て貰いたい』とみんなに言う。そういうことで段々と話が世間的になって来ちゃった。

それで石原に『組立工場からでも始めないか』と。そしたら石原はね、『組立工場だけで、お茶を濁《にご》す訳にもいかないんじゃないでしょうか』と言ってだね、別に新しいアイディアも出して来ない。このままじっと睨《にら》み合ってたんじゃどうしようもない。何か代案を考えなければと思ったんです。だから役員会で、『やむを得ず立てた窮余《きゅうよ》の一策がこの案だ。発案者は僕だから、僕が説明する』といって説明したんですが、それに対して石原は一言も発言しないんですよね」

塩路「確かにこれは窮余の一策ですね。しかし、社長はそう思っていないんじゃないですか。あの人には危機感というものがない。英国進出も借金でしょう、借金と赤字でいよいよ首が回らなくなるのではと、私は日産の危機を感じているんです」

川又「そうだね。英国進出というのは、日産の経済的リスクがどれだけ高いか、その面を捉える必要があるんですよ。それで僕は、一昨日の役員会で話したんです。役員諸公はあまり知らないようだからね。

『償却は十年経っても二〜三百億残る。この大事な十年間に全く扶養家族の一員になるだけで、何ら会社に寄与しない。その先も親を養う力が出てくるかどうかは疑問だ。その他今まで外国に出たところは、残念ながら親を養ってくれてない。石原が始めたメキシコもオーストラリアも親の手離れをしてないし、その後にアルファロメオ、モトール・イベリカ（引用者注：正式社名は日産モトール・イベリカ）など新しい養子が出てきたが、とにかく親を養う海外投資は無い。

如何《いか》に〝海外投資、海外投資〟とマスコミにチヤホヤされたって、国内は赤字だし、懐《ふところ》は寂しいもんだ』と」

塩路　「サッチャーさんに配慮したようですね」

川又　「遡《さかのぼ》ればこういうことなんです。一昨年一月二十日頃の経営会議で、大熊君が『今から英国に出かける』って言うから、『何のために』って訊いたらね、『日産が乗用車工場建設のＦ・Ｓ（引用者注：事業化可能性調査）をやることを英国議会で発表することになっているので』って言う。

『そんなバカなことをやめろ。英国政府が日産のＦ・Ｓをバックアップする、などと議会でアナウンスしちゃったら、結果がまずく出たときに、やめますと言えるか』と言ったんですよ。そしたら、石原は僕の話に、こんな顔して眠ったような振りしてるんだよね。

それで大熊（副社長）と久米《くめ》（引用者注：豊《ゆたか》、常務・後に社長）が行って、僕が恐れていた議会でのアナウンスをやっちゃった。それもサッチャーまで出てきて。だから、サッチャーはのっぴきならないんですよ。『日産のＦ・Ｓを援助する』って声明しちゃったんだから。ああいうことさえなければ、日産がこんながんじがらめみたいな事になることはないんです。

川合君はこれを持って日曜日に行くんですよ。それで多少の変更が出るかも知れないけど、基本線はこれで行く積もりです。

僕の案に、組合がすぐに態度を表明する事は難しいだろうと思っている。この間反対したところだろうしね。会社が組合に提案するときまでに、検討しておいて下さい」
塩路「今日私がこの二段階方式を会長から伺うことは、役員方はご存知なんですか？」
川又「経営会議で『これは塩路会長に率直に話す積りだ』と言ってある」

この川又氏との会談の翌週、石原氏から私への回答があった。それは卑劣な手段による攻撃である。

昭和五十八年九月二十四日未明、全国八工場の寮・社宅に計四〇〇〇通の怪文書が送付された。さらに十月三十日に、佐島マリーナで『フォーカス』の写真が盗撮された。（注6）

ばら撒かれた塩路攻撃の怪文書

塩路攻撃の火の手があがった。組合員に郵送された「日産の働く仲間に心から訴える」という文書である。日付は1983（昭和58）年9月。「日産係長会、組長会有志」となっていた。全編、これ塩路一郎批判だった。

「週刊文春」（1983年10月27日号）は文書の内容を報じた。

〈塩路会長が自動車労連会長に就任して以来二十一年の歳月がたちました。（中略）しかし、最近、塩路会長が会社の内外で行っている恥ずべき行動は、日産の企業基盤を弱体化させるばかりであり、（中略）生産現場の中核を担う我々の係長会・組長会のメンバーは、もうこれ以上、塩

路会長の行動についていくことができない、と決意し、ここに立ち上がりました。（中略）
いかに経営者を追いつめるかだけに全力を傾注してきた塩路会長の目的は何でしょうか。それは、以前のように会社から甘い汁を吸えなくなり、自分の権力の範囲が段々狭められていくのに、あせりを感じた塩路会長が昔の権力を取り戻すため、組合や生産現場をバックに混乱を起こさせ、あわよくば、経営者を追い出したい。ここに塩路会長の真の目的があるようです〉
この文書の作成には、石原直系の常務クラスが関与したと噂されたが、真偽は不明だ。この文書は、労連本部の指示で、労連会長を誹謗《ひぼう》する悪質な怪文書として回収され、焚書《ふんしょ》にされた。日産社内でいうところの「焚書事件」である。

女とのヨット密会を「フォーカス」された労働貴族

写真週刊誌「フォーカス」（１９８４年1月27日号）の記事が、塩路にトドメを刺したといわれている。

見出しは「日産労組『塩路天皇』の道楽――英国進出を脅かす『ヨットの女』」。

神奈川県・三浦半島の相模湾に面したヨットハーバー、佐島《さじま》マリーナ。塩路が「いま建造すれば４０００万円を下らない」自家用のヨットに若い女を乗せている写真が掲載された。

〈ヨットの持ち主の名は、塩路一郎（57）。日本第2位の自動車メーカー、日産自動車の巨大労組、自動車労連会長。また、自動車メーカー各社の労組のセンターである自動車総連の会長でもある。ほかにも肩書きはゴロゴロ。

57年の年収が１８６３万円。７ＬＤＫの自宅を東京・品川区に所有し、組合の専用車プレジデントのほかにフェアレディＺ２台（１台は本人所有、１台は日産車体所有）を使用。「労組の指導者が銀座で飲み、ヨットで遊んで何が悪いか」と、広言してはばからない人物である〉

日産社内で「あのフォーカス事件」として密かに語り継がれている。石原による塩路追い落としの仕掛けが見事にハマった瞬間である。

長年にわたる組合内独裁や労働貴族と呼ばれる豪華な生活に不満を募らせていた工場勤務の組合員（ブルーカラー）から批判の火が噴いて、塩路は事実上、解任されるかたちで、１９８６年２月、自動車労連と自動車総連の会長を辞任した。

石原は塩路の追い落としに成功した。後年、石原は「社長任期中の大半は塩路氏との対決に時間を費やした」と語った。経営どころではなかったのだ。

石原の艶聞《えんぶん》について書いておく。彼の全盛時代、年末になると旧経団連会館で、パーティー形式の日産自動車のマスコミ懇親会が開かれたが、なぜか女優の松坂慶子《まつざかけいこ》がゲストとして顔を出した。

松坂はいまでもＮＨＫの大河ドラマなどに出ているが、当時の彼女はバリバリの人気女優。出席した記者たちは「なぜ、どうして彼女がゲストなの。（石原と）どういう関係なの？？」と首を傾げた。

塩路打倒に決起した「七人の侍」

塩路は権力の頂点に立っていた。中曽根政権誕生のフィクサーを務めた。日産の英国進出をめぐり仲違いしたが、総理官邸で面会できる間柄だ。経団連会長ともサシで相談できる。

英国進出では、会長の川又と二人三脚で反対した。

入社式では、社長の石原の次に、労組会長の塩路が挨拶に立った。販売店への出向は、非組合員の管理職と平社員に限られた。組合幹部である係長、組長クラスの出向を組合が認めなかったからだ。残業、休日出勤についても、組合は「月2回まで」としたため、需要が高まっても日産だけはそれに応じる増販体制が敷けなかった。社員が海外出張するときも組合の許可が必要だった。

組合の存在が企業運営の大きな障害になっていた。

それは誰の目にも明らかだったが、この頃の日産は、「経営陣を批判することよりも、組合のやり方に反対することのほうが恐かった」という雰囲気が支配していた。

組合による恐怖政治である。

塩路の専制的な活動に危機感を抱いたのは、石原ら経営陣だけではなかった。組合内部で密かに「塩路辞任」のシナリオが練《ね》られ、アンチ塩路派が勢力を拡大していった。

その中心人物が、当時、40歳前後で、日産広報室の課長職にあった川勝宣昭《かわかつのりあき》である。

川勝は2018年12月『日産自動車極秘ファイル2300枚 「絶対的権力者」と戦ったある課長の死闘7年間』（プレジデント社）を出版した。ゴーン事件がきっかけとなった刊行である。19年におよぶ統治のあいだに、「日産のために来た」はずのゴーンが今度は新たな絶対的権力者になり、自ら再建した会社から収奪をはじめた。日産の独裁と権力抗争の歴史はくり返されているとの思いから、30年間、封印してきた極秘ファイルを公開したというのだ。

これは当時、日産に君臨していた「塩路天皇」と呼ばれた労組の首領との熾烈な戦いの記録でもある。

〈相手方の牙城は難攻不落を思わせたが、ゲリラ戦を仕かけてゆさぶり、次いで組織戦を展開した。その時点では、当初のたった一人の戦いから七名の同志による秘密組織の活動となり、われわれは昼は普通のサラリーマンとして仕事をし、夜はアジトを転々と変えながら、作戦の立案や修正にあてるという二重生活を続けた。土日は九州など遠方の工場でのオルグ（組織拡大に向けた勧誘行動）に費やされた。（中略）わたしには常に尾行がついていたし、自宅に相手方から脅迫電話がかかってきた仲間もいた。家族を巻き込んだ戦いでもあった〉（注10）

「おれはどうしてもこの男を倒したいんだ」

塩路追い落としの決定打となったフォーカス事件について、同書はこう書く。

〈横浜と横須賀を結ぶ横浜横須賀道路を逗子《ずし》インターチェンジでおりて、逗葉新道から葉山に入る。三浦半島をぐるりと一周する国道１３４号を一〇キロほど南へ進むと、佐島マリーナに着く。

これは東京からのルートで、藤沢にあるわたしの自宅からだと、１３４号を相模湾沿いに走り、鎌倉、逗子を抜けていくので、一時間ほどの距離だ。

塩路一郎は週末、ヨット遊びにやってくる。わたしが佐島マリーナで、毎週土日、単独で張り込むようになったのは、怪文書作戦を進めていた一九八三（昭和五八）年九月のことだった。

打倒塩路一郎に向け、激烈な一撃を与えるには、個人的なスキャンダルの明確な証拠を示して明るみに出すしかない。金銭面を調べようとしたが、自動車労連では会長の息がかかった金庫番の女性がすべてをつかんでいて、他の組合幹部にも実態はわからない。個人で交際費をいくら使っているかも不明だ。銀座や六本木のクラブで半年に二〇〇〇万円、三〇〇〇万円を使っているという噂はあるが、証拠がない。

労務対策に協力した関連企業や取引先からお金が入っているとか、上場前の株をもらったといった話も、実態はつかめない。

金銭が難しければ、女性しかない。最大の弱点は女性関係であり、関連する情報もいちばん多く収集していた。

週末のクルージングにはたびたび、愛人のホステスを一緒に連れていく。その密会現場の写真を撮り、証拠を押さえる。わたしは新潮社の写真週刊誌「フォーカス（ＦＯＣＵＳ）」編集部の親しかった編集者のＰさんに、話を持ち込んだ。

「おれはね、Pさん、どうしても、この男を倒したいんだ」

Pさんも日産の異常な労使関係について知悉《ちしつ》していたし、打倒塩路一郎が、わたしの個人的な恨み辛みからではなく、労使関係を正常な状態に戻すためであることも知っていた。

「わかった、川勝ちゃん、やろう。おれが一緒にやってやるよ」

熱血漢Pさんは目を輝かせ、一も二もなく引き受けてくれた。われわれはさほど力がなかったが、義憤からの戦いに共感してくれるマスメディアの協力は本当に心強かった〉(注10)

髪の長い美人と小太りの男

〈張り込みを続けて二カ月目の一〇月三〇日、日曜日。その日はわたし一人で張り込んでいた。午前中、一台のフェアレディZが駐車場に入ってきた。ドアが開き、助手席から小太りの男が降りてきた。塩路一郎本人だ。続いて、助手席が前に倒され、後席に乗っていた若い女性が、降りてきた。

女性が先に歩く。その後ろを、もみ手すり手をするような浮かれた格好でついて歩き、入り口に入っていった。わたしは見つからないようにそのあとから入り、公衆電話の受話器を握った。プッシュボタンを押す指が心持ち震えている。

「Pさん、やっときたぞ」

心臓がバクバクして、興奮を抑えきれない。

「そうか、わかった。すぐ行く」

高速を飛ばせば一時間半で着くが、撮影隊がやってくるまでの時間がやけに長く感じた。ソルタス三世号の係留バースは駐車場から見て栈橋《さんばし》のいちばん手前、駐車場の端から見下ろせる位置にあった。ヨットはクルージングに出ていた。張り込み取材に慣れたカメラマンは駐車場の物陰から望遠レンズを装着したカメラを手に、帰港を待った。

やがてひときわ大きい船体があらわれ、ゆっくりと着岸した。キャビンから若い女性が出てきて船尾の柵にもたれかかって立った。髪の長い美人だ。カメラマンは気づかれないよう、レンズを構え栈橋に向けると、タイミングを逃さずシャッターを切り、その姿をカメラに収めた。盗撮は成功した〉（注10）

後日談がある。川勝は日産を退社し、日本電産に移り福井県小浜《おばま》市に赴任した。塩路一郎が日産を離れたとき、残務整理をおこなった人事担当者が川勝のもとを訪れて、「塩路一郎」の名前が刻まれた1枚のネームプレートを渡した。佐島マリーナのロビーの壁のオーナ名掲示板にかけられた小さな名札だった。人事部でも処分に困ったのだろう。受けとるとすれば、川勝しかいない。

川勝は本書の「おわりに」をこう締めくくった。

〈わたしもどう扱えばいいか、決めあぐねたまま、一〇年以上、ずっと、もち続けていた。

捨てるわけにはいかない。塩路一郎にとって、ヨットは自分の手でつかんだステータスの象徴であり、ネームプレートには、魂のようなものがこもっているように思えた。

ならば、塩路一郎がこよなく愛した海に帰してやってはどうだろう。

小浜は若狭湾《わかさわん》に面している。海辺には、笹が生えていた。わたしは笹舟をつくり、小さなろうそくに火を灯して立て、名札をのせて、波間に送り出した。

笹舟は、沖に向かって進んだかと思うと、波に押し返され、戻ってくる。それを幾度か繰り返しているうちに、やがて夕闇迫る波間に消えていった。

さようなら、塩路一郎……。

心で唱えた。

これでやっとわたしのなかで塩路一郎が消えた〉（注10）

塩路追い落としにかけた〝宣伝広告費〟は年700億円

石原は塩路を潰すために金に糸目をつけなかったといわれている。

佐藤正明《さとうまさあき》は『日産　その栄光と屈辱《くつじょく》　消された歴史　消せない過去』（文藝春秋）で、「マスコミを使った塩路批判・中傷記事は、海外プロジェクトがスタートした80年の春から本格化した」として、次のように書いている。

〈「ホップ、ステップ、ジャンプ」。石原さんが立てた塩路抹殺劇のシナリオである。誹謗中傷の怪文書を執拗に流し、イメージダウンを図るのがホップ。金と女というお決まりのスキャンダルを捏造《ねつぞう》するのがステップ。怪文書と捏造したスキャンダルを週刊誌や月刊誌などのマスコミに売り込み、問題を経営政策からスキャンダルじみた権力闘争にすり替え、塩路さんを失脚させるのがジャンプである。

怪文書と労組トップのスキャンダラスな写真が頻繁にマスコミに出回れば、日産のイメージダウンは避けられないが、組合員を動揺させる効果はある。石原さんの狙いはそこにあった。

その一方で自動車労連副会長をはじめとする組合幹部と水面下で接触して、悪魔のささやきで転向を促し、最後は会社は手を汚さず組合の手で塩路さんを組織から追放する。これが石原さんの描いたシナリオである。その実行部隊は社長室、人事部、広報室である〉（注9）

石原が社長のとき、多い年には700億円もの宣伝広告費が支出されていたが、そのなかから「反塩路＝塩路潰し」のための対策費が捻出《ねんしゅつ》されていた、と佐藤は暴露した。この軍資金は、合法的な経費である宣伝広告費として計上され、凄まじい効果を発揮した、というのである。

ただ、断っておかなければならないのは、佐藤は塩路ときわめて近しい存在だったということだ。佐藤は「投資経済」という株式の業界誌の記者から、日経が「日経産業新聞」を立ち上げるときに中途入社した人物で、筆者が入社の口利きをした。日経では電機と自動車担当記者しかやっておらず、自動車担当記者、同編集委員として一時期、〝日経の顔〟といわれた。

この当時の日本経済新聞の産業部（企業を担当するミクロ経済を取材する部門）では、塩路にきわめて近かった佐藤と、石原に深く食い込んでいた記者・長谷川秀行が鋭く対立していた。デスク（次長）は長谷川寄りだった。

長谷川は流通業界を取材して「日経流通新聞」におもに記事を書いていた。飛ぶ鳥を落とす勢いだったダイエー社長の中内㓛《いさお》の公私にわたる〝同志〟的存在だった。佐藤の専横を快く思わなかった編集幹部が、長谷川を流通経済部から産業部に異動させ、日産自動車を取材させた。

「記者として、いささか問題があった」（当時の日経編集局の幹部）2人を噛ませることで日経は日産自動車の取材で〝保険〟を掛けた、と辛口の批判を浴びた。

経営破綻につながった国際戦略の失敗

〝闇の帝王〟と評された塩路一郎を葬り去った石原は1985（昭和60）年6月、社長の椅子を久米豊《くめゆたか》に譲り、自ら会長となった。でも、経営の実権は手放さなかった。川又と同じである。

結論を言おう。塩路追い落としの大義名分として掲げた「グローバル10」は大失敗に終わり、日産の経営破綻の遠因となった。

スペインのモトール・イベリカへの資本参加は、巨額の赤字しか生み出さなかった。イタリアのアルファロメオとの合弁事業や、ドイツのフォルクスワーゲン（VW）との日本での小型車の生産も、あえなく失敗した。

従来の「DATSUN」ブランドを「NISSAN」ブランドに統一したことは致命的な戦略

ミスとなった。北米市場を筆頭に、グローバルマーケットで歴史と競争力を持っていた「ＤＡＴＳＵＮ」ブランドを自ら放棄したことが、日産が長期的に低迷する原因となった。

英国進出は塩路が牛耳る労働組合の反対にあって、工場の稼働が大幅に遅れた。石原が推し進めた国際戦略は惨憺《さんたん》たる結果をもたらし、国内シェアは低迷をつづけた。

インドやインドネシアの新興自動車市場に投入する低価格車で、近年「ＤＡＴＳＵＮ」ブランドが復活したが、低所得層から支持を得られず、インドネシアでの日産のシェアは１％未満（18年）だ。

「グローバル10」の急拡大路線のツケは、巨額の負債となって跳ね返ってきた。

１９９０年のバブル崩壊で、日産の財務体質は一気に悪化した。１９９２年6月、辻義文《つじよしふみ》の社長就任を機に、石原は相談役に退いた。

抗争の主役たちの責任のなすり合い

抗争の主役たちは、〝政敵〟に責任をなすりつけた。塩路一郎は「石原俊が推し進めた海外進出の多くが失敗に終わり、巨額赤字を生んだ」ことを、日産の経営破綻の理由に挙げた。石原は「日産が苦境に陥った原因は組合にある」と、塩路が経営危機の元凶だと指弾した。

２人とも、自分のやったことを棚上げして、相手の責任をあげつらった。笑止千万というほかはない。彼らは経営戦略で対立したわけではない。怨念対怨念。やられたら、やり返す。憎悪をむき出しにした、子供じみた喧嘩でしかなかった。

怪文書の表現を使えば、「錆《さび》は鉄より生じて鉄そのものを亡ぼす」のである。日産という企業内に生じた川又、塩路、石原という鉄錆が日産を滅ぼした。

1985年6月、久米豊が第12代社長に就いた。1921(大正10)年5月20日生まれ、東京帝国大学第二工学部航空原動機学科卒業。販売が低迷するなか、乗用車「シーマ」をヒットさせて「シーマ現象」という流行語を生んだ。

だが、バブル経済が崩壊。1992年6月、辻義文が第13代社長に就任した。辻は1928(昭和3)年2月6日生まれ。東京大学工学部卒業。日本の製造業の原点のひとつといわれた座間工場の閉鎖を断行した。

辻義文が社長の時代に、西川廣人《さいかわひろと》は秘書として仕えた。秘書として、権力闘争を生き抜いてきた日産の経営陣を間近に見てきた西川は、「ゴーン追放」というクーデター劇で渦中《かちゅう》の人となった。

ルノー傘下入りは「塙によるクーデター」

1996年6月、塙義一《はなわよしかず》が第14代社長に就任した。1934(昭和9)年3月16日生まれで東京大学経済学部卒業。主に米国を中心に工場開設や販売台数を伸ばすことに注力してきた。

塙が社長に就任した時点で、日産は４兆円超もの膨大な有利子負債を抱えていた。有価証券報告書によると、１９９８年３月末の日産全体の有利子負債は４兆３４２１億８５００万円である。自動車関連の有利子負債が2兆円超だったことから、ルノーの軍門に下った当時の有利子負債は2兆円という説が現在、流布しているが、これは間違いである。

メインバンクだった日本興業銀行の支援も得られず、債務超過の危機に瀕《ひん》していた。興銀が日産をしっかり支えていれば、日産がルノーの軍門に下ることはなかった、と語る自動車メーカーの元首脳もいる。

第1章で述べたとおり、米国でのリース販売で巨額の損失を出し、日産は一気に厳しい状況になった。債務を抱えた日産ディーゼル工業の問題もある。

日産は提携先探しに狂奔する。

独ダイムラー・クライスラーと交渉を重ねたが話はまとまらなかった。最後の頼みの綱だった米フォードとの交渉も決裂した。

仏ルノーは向こうから声をかけてきた1社だった。１９９８年7月、塙はルイ・シュバイツァー会長と東京で会った。塙は、ルノーという会社をよく知らなかったが、話を進めることにした。だが、ルノーは候補のワンオブゼムにすぎなかったことはすでに書いた。

塙は日刊工業新聞の名物コラム「決断・そのときわたしは」で、一連の交渉の経緯を語っている。

〈98年11月、ルノーの副社長だったカルロス・ゴーンが東京に来て、日産の副社長陣を前に200億フランのコスト削減の実績を説明しました。私はこの会議に出席していませんが、副社長陣はルノーとゴーンに対して非常に良い印象を持ちました。このほか両社の開発部門の会議など、提携したら実際に仕事をする者同士で話をしています。

これ以降、交渉はトップ会談から幹部による具体的な検討に進みます。日産とルノーが目指したのは、対等で互いのアイデンティティーを大事にしつつ一体感を持った関係です。両社とも合併は考えず、といっていつでも切れる単純な提携でもない。そんな自動車業界でもあまり例のない提携関係に向け、一本調子で話が進んだのです〉（注1）

1999年3月13日、日産とルノーの提携が最終合意にいたった。

「すしとワインはよく合う」

3月27日、塙は、東京で開いたルノーとの資本提携の発表の席でこう語った。社内外に異論が多かった日仏連合を実現させたのは塙である。

ルノーは日産の第三者割当増資5857億円に応じ、日産株式36・8％を取得するとともに、2159億円の新株引受権付き社債（ワラント債）を引き受けた。総額8016億円の資金を投じて、日産を「買収」した。日産はルノーの傘下に入り、再生を図ることになった。

日産社内の衝撃は大きかった。「対等の提携」のはずが、ルノーの傘下に組み込まれる内容だったからだ。会社の命運を決めるルノー傘下入りは、相談役である歴代社長らに事前の相談もなく決められた。そのため、「塙によるクーデター」と評された。

カルロス・ゴーンを日本に連れてきた男は、志賀俊之《しがとしゆき》である。１９５３（昭和28）年９月16日生まれ。大阪府立大学経済学部卒業。１９７６年４月、日産に入社。最初の配属先は自動車関連ではなく、マリーン事業だった。塙が社長時代に本社の企画室長を務めていた。１９９８年11月、ルノー副社長のカルロス・ゴーンを招いて、日産の副社長たちへの講演会を企画したのが志賀である。

ゴーンの迫力のあるリーダーシップに心を打たれた志賀は、「ゴーンの下で働く」と腹を固め、社長の塙に「ゴーンが日産の〝助っ人〟として絶対に必要だ」と説いたという。

塙は、ルノーの傘下入りにあたって、ゴーンら３人の幹部を迎え入れることを決めた。じつは、塙がゴーンと会ったのは、１９９９年４月にゴーンが日産に着任してからである。ゴーンの日産入りのお膳立てをしたのは、志賀だったといえるかもしれない。

志賀は１９９９年に日産がルノーの軍門に下り、ＣＯＯとして日産に乗り込んできたカルロス・ゴーンのもと、アライアンス推進室長を兼任。現場とのパイプ役として、日産リバイバルプランの立案・実行に力を尽くした。志賀は２００５年６月、代表取締役、最高執行責任者（ＣＯＯ）となる。

一方、西川廣人は志賀と同じ１９５３年の11月14日生まれ。東京大学経済学部を卒業し、１９

77年4月に入社。辻義文社長時代は秘書として中枢にいたが、塙政権では欧州日産に出されていた。ゴーン体制となった2000年10月、欧州日産購買企画部部長。2005年に日産本体の副社長となり、コストカットを錦の御旗に掲げるゴーン改革の推進役として、大リストラで辣腕《らつわん》を振るった。

志賀俊之と西川廣人は「ゴーン・チルドレン」と呼ばれるゴーンの側近だったが、この2人の仲の悪さはよく知られている。ゴーン解任は、ゴーン・チルドレンによる下克上にほかならない。

独裁者でなければ統治できない企業風土

日産は独裁者でなければ統治できない。川又、塩路、石原、カルロス・ゴーンがそれを証明している。そして、独裁者を倒すにはクーデターしかないことも。日産の企業風土はまったく変わっていない。過去に学べば、ゴーン追放は、次なるクーデターのはじまりである。

怪文書の表現を再度、引用して終わる。

「錆は鉄より生じて鉄そのものを亡ぼす」――。日産をサバイバルさせ、名経営者と謳《うた》われるようになったために増長したカルロス・ゴーンも、長いあいだ独裁者として君臨し、いまでは新しい、大きな鉄錆と化したのである。

独裁者、暴君でなければ統治できない企業体質そのものに、日産の敗北の根本原因があることは、昔も今もずっと変わらない。

第4章　コストカッターから独裁者へ
——カルロス・ゴーン

権力維持装置としてのアライアンス

〈オランダ・アムステルダム南部の閑静なオフィス街に、池に囲まれたモダンな3階建ての建物がある。門の横には「ルノー　ニッサン　ミツビシ」と書かれた黒い看板。日産自動車、仏ルノー、三菱自動車の会長に君臨してきたカルロス・ゴーン容疑者がこの会社のトップも務めていることはあまり知られていない。

ここは「ルノー・日産BV」と呼ばれる統括会社。3社連合の戦略を練る統治の要《かなめ》になっているとされる。統括会社をオランダに置いているのは、税制面の優遇があるためとみられる〉（朝日新聞2018年11月22日付朝刊）

何の変哲もない小さなビルだが、日産の役員さえ見たことがないビルが、写真付きで報じられた。

〈3社の中で現在、ゴーン会長がCEO（最高経営責任者）職を兼ねるのはルノーだけ。ゴーン会長がルノーのCEOの続投にこだわるのは、日産幹部からみてもベールに包まれたオランダの統括会社に3社連合を支配する権力の源泉があり、ルノーのCEOが統括会社のトップに就くことになっているためとみられている〉（同前）

「BV」は「非公開株式会社」の略。オランダで最も一般的な営利企業形態であり、外国投資家によく採用されている形態だという。

筆者にいわせれば、ルノー・日産のアライアンス（戦略的連携）こそがゴーンの権力の源泉であり、ルノー＝仏政府が日産の利益を収奪しつづけてきた実態を覆い隠す装置である。

統括会社がアライアンスを決定する

１９９９年３月27日、日産とルノーはアライアンスを締結した。ルノーは日産の第三者割当増資５８５７億円に応じ、日産株式の36・８％を取得するとともに、２１５９億円の新株引受権付社債（ワラント債）を引き受けた。総額８０１６億円の資金を投じ、日産を買収した。

アライアンスはお互いの企業文化やブランド・アイデンティティを尊重し合うことを基本としている。両社は「利益ある成長と共通利益の追求」という共通理念を掲げた。

共通の目標に近づくために、１９９９年６月、両社の大部分の業務領域をカバーする共同プロジェクト体制を立ち上げた。

２００２年３月28日、共通戦略の決定とシナジーの管理を目的としてルノー・日産ＢＶを設立した。ルノー・日産ＢＶは、日産とルノーが株式を折半して所有する統括会社である。経営陣はルノーと日産から、それぞれ４人ずつを出すことになった。

ルノー・日産ＢＶの社長はルイ・シュバイツァー（ルノー会長兼ＣＥＯ）、副社長はカルロス・ゴーン（日産社長兼ＣＥＯ）。日産側からは、松村矩雄《まつむらのりお》（副社長：販売・マーケティング）、大久保宣夫《おおくぼのぶお》（副社長：研究・技術・開発）、高橋忠生《たかはしただお》（副社長：生産）がボード入りした。

建前上は日産、ルノーがそれぞれ4人だから対等だが、ゴーンはルノーから送り込まれた人物。実際はルノー5人、日産3人。しかも、社長、副社長はルノー側が完全に押さえている。日産の経営陣をルノー出身者が独占するわけにはいかないので、ルノー・日産BVを通して日産を支配する体制を整えたということだ。

ルノー・日産BVは、中長期（3年、5年と10年）計画、車両・パワートレインの共同プロジェクト、および両社の財務方針に関する原則の決定について唯一《ゆいいつ》の責任を有した。パワートレインとは、エンジンで発生させた動力を車輪やプロペラに伝える装置のこと。駆動装置とも呼ばれる、自動車の基本性能だ。

統括会社は、共同事業会社の設立、市場戦略、商品体系上の重大な変更、大規模な投資、および第三者との戦略的に協議について（日産とルノーに）提案する権限も持つ、オールマイティの存在だった。

提携の第2ステージは、2001年10月に両社が合意した株式持ち合い。今度は日産がルノーの第三者割当増資を引き受け、ルノー株式の15％を取得、フランス政府に次ぐ第2位の大株主となった。総取得額は21億6500万ユーロ（約2470億円）である。

同時期にルノーは保有する日産のワラント債を日産株に転換。この結果、出資比率は44・4％にアップした（のちにルノーが持ち株の一部を売却し43・4％となる）。

第2位の株主とはいえ、日産のルノーへの出資比率はわずか15％、しかも、これらは議決権のない株式だ。日産はルノーの経営には何の発言権も持たない。対して、当時、出資比率44・4％のルノーは日産の経営を完全にコントロールしている。

日産は自らの経営戦略を統括会社に諮《はか》らなければならない仕組みになっていて、ルノーの承認なしにはトップ人事を含め、重要な経営判断はできない。将来、日産がルノーから離反しようにも、それを封殺できるシステムが、ゴーンの手で完成していたのだ。

ルノー・日産BVは、ルノーによる日産の支配をより強固にするためにつくられた、ルノーによる、ルノーのための戦略的な組織なのである。

統括会社がゴーンの資金工作や報酬隠しの舞台として使われたのは、誕生の経緯からみて、至極、当然の流れである。

アライアンスは合併でも買収でもない「第3の道」

カルロス・ゴーンは、「日産とルノーが進めるアライアンスは、合併でも買収でもない第3の道だ」と自画自賛していた。日産とルノーの関係は「どちらかのためにどちらかが犠牲《ぎせい》になるというものではない」とゴーンは主張した。

〈「日産とルノーでは、お互いのアイデンティティを尊重しつつ、バランスのとれた提携を続けていくために、真剣な議論が重ねられています。しかし、私がそう言っても、まだそれを信じてくれない人がたくさんいます。ええ、『それが本当なら、素晴らしいことだけどね』なんて思われてしまうのです。

確かに〝対等合併〟という美辞麗句《びじれいく》で始まった統合がどんな結末に至ったのかを見れば、人々がそう思うのも無理はないのかもしれません。〝提携〟と言っても、そこにはたいていの場合、〝力ずくの関係がある〟と考えてしまうからです。ですから、人々は日産がルノーと提携を結ぶと発表した時、「森から大きなオオカミが出てきた」と見ていました。そして、今ではその反対の見方もされるようになっています。つまり、「今や日産はルノーよりも大きくて強力になったので、提携のバランスは崩れてしまうのではないか」と言うのです。

しかし、それは間違いです。私たちの間には、最初から力ずくの関係は存在しません。これは提携なのです。私たちは、提携するという契約を交わしたのです。そこにはメリットもデメリットもあります。うまくいくところもいかないところもあります。それぞれにとっては簡単なことでも、相手にとっては難しいこともあります。でも、私たちはパートナーの関係にあるのです。

もちろん、そのことを市場が懐疑的に見ているのは理解できます。だいたい、アナリストたちは白黒はっきりさせた形で状況を見ようとします。つまり、日産とルノーの関係で言えば、「どちらが権力を持っているか」という形で……。

これに対して私たちができることは、提携を今の方向で推し進めていくことだけです。今までのやり方に沿って、このやり方でよいのだと自信を持って……。

そういった関係がいまだかつてなかったと言うなら、それでもいいでしょう。日産とルノーの関係はそういう関係なのです。私たちは自動車産業の歴史に新しい章を書き加えつつあるのです」〉（注11）

この発言は、２００３年６月までAFP通信社の東京支局長であったフィリップ・リエスがカルロス・ゴーンにインタビューしてまとめた『カルロス・ゴーン　経営を語る』（日経ビジネス文庫。以下『経営』と略）に収められている。インタビューは２００２年に1年がかりでおこなわれた。

アナリストたちは、ルノー・日産BVを、好感をもって受け入れたわけではない。ゴーンの言葉を使えば、「森から大きなオオカミが出てきた」。「力ずくの関係」で日産をねじ伏せる意思を、ルノーが鮮明にしたと理解した。ゴーンが自画自賛する、「合併でも買収でもない第3の道など本当にあるのか」と懐疑的だった。

アナリストたちの評価が冷たいものだったため、ゴーンの言葉は歯切れが悪い。弁明と開き直りが混在した発言となっている。

ナカニシ自動車産業リサーチ代表アナリストの中西孝樹《なかにしたかき》は、『ダイヤモンドオンライン』（２０１８年11月26日付）に「ゴーンの功罪、ルノー日産連合が『独裁維持装置』に変容した理由」を寄稿し、アライアンスの変容ぶりを分析した。

中西は、19年におよぶアライアンスを3つのフェーズ（段階）に分類する。

〈第1段階は1999〜2004年の「対等の精神」の5年間。

第2段階は2005〜2013年の「シナジーと不満」の8年間。

第3段階は2014年から現在にいたる「対立と分断リスク」である。

経営危機にあった日産は、独ダイムラー・ベンツ社との提携に活路を見出そうとしていた。しかし、ダイムラーは米クライスラーとの合併を先行させた。ダイムラー・クライスラーは1999年に日産との提携交渉を電撃的に打ち切り、ルノーが日産の窮地《きゅうち》を救った。

ドイツと米国メーカーが主導する世界的な合従連衡《がっしょうれんこう》のなかで、「座して死を待つより打って出る」との意気込みでルノーは日産に6000億円を投じ、36％の株式を手に入れ、一躍、筆頭株主となるという一大ギャンブルに挑戦した。

経営危機に陥った日産を、ルノーがリスクを取って救済するというのが、ルノー・日産のアライアンスのはじまりである〉（注12。要約）

第1段階時点のゴーンの役職は次のとおり。1999年6月、日産の最高執行責任者（COO）、2000年6月、社長兼COO、2001年6月、社長兼最高経営責任者（CEO）。2003年6月、共同会長兼社長兼CEO。権力の階段を昇っていた時期だ。

ゴーン1人に権力が集中する統治構造

第1段階の「対等の精神」のなかで、ゴーンが決断した重要なポイントが2つある。2002年の出資比率の見直しと統括会社であるルノー・日産BVの設立である。

〈転換点は2002年に訪れる。ルノーは1999年の出資時に保有した日産の株式ワラントを行使して2000億円の追加出資を行い、出資比率を36％から44％に引き上げた。これは日産再生の暁《あかつき》に、ルノーの日産支配を強固にする目的で、提携開始時に準備されていたワラントだ。

しかし、ここに驚きの仕掛けが組み込まれた。ゴーン氏はルノーが日産へ第3者割当増資を実施し、日産はルノーへ15％出資する、独立尊重の持ち合い構造を形成させたのだ。

フランスの会社法では40％以上出資を受ければ子会社であり、その子会社は親会社の議決権を有することはできない。従って、この15％には議決権がない。日産は議決権がないルノー株式を保有しているに過ぎないことから、実体としての親子関係が変化したわけではない。（中略）

本来なら、ルノーは日産を支配し、出資比率は支配権を固める50％超を目指すところだ。しかし、ゴーン氏が重視したのは対等な精神に依って立つアライアンスである。数多い自動車メーカーの合従連衡で、このアライアンスだけが大きな成功を収めた理由の1つだと考えられている〉（注12）

ルノー・日産BVを中西は次のように分析している。

〈もう1つが、オランダに設置した、ルノーと日産が対等出資する子会社のルノー日産BVだ。これは、ゴーン氏が定めた対等なアライアンス運営を象徴する存在だ。ルノー日産BVは、ルノーと日産のアライアンスの共通戦略の構築、シナジーの管理、購買、IT、資金管理などの共通本社機能を持つ。

通常なら、統合機能は日産とルノーの上位に置かれ、支配下のグループ会社を全体最適する形となるものだ。ところが、ゴーン氏は敢えて両社の下部組織に意思決定機能を置くことで、対等な関係を生み出し、シナジーを最大化することを目指した。

しかし、この仕組みは信頼関係の維持や利益相反の回避など、両社をしっかりと統治できる強力な経営者を必要とした。権力が集中したゴーン氏のような経営者が君臨できた要因は、こういったアライアンスの統治構造にある〉（注12）

ゴーンがこうした統治構造をつくったのは、中西が言うように「対等の関係」を醸成するためだったのだろうか。否《いな》である。ゴーンに互恵の精神があったとは思えない。

ルノーはもともと国営企業で、仏政府が筆頭株主だ。仏政府が絶対的な権力者で、それに仕えるシュバイツァーがCEOとして君臨する。ゴーンは買収先の日産に送り込まれた上級幹部でしかない。ゴーンは、長期戦略を立て、対仏政府＝ルノーから権力を奪還することを狙ったのではないか、と筆者は考えている。

どうやって、両社の権力を握るか。両社の統括組織ルノー・日産ＢＶのトップの座に就けば、それが可能になる。ルノー・日産ＢＶをルノーと日産を傘下《さんか》に持つグローバル本社に変身させればいい。

そうした意図のもとで、アライアンスを提唱したゴーンは、相当な策士といえる。カルロス・ゴーンは「二重権力構造」の完成者といっていいだろう。

この時期は、カルロス・ゴーンの栄光の日々だった。ゴーン改革を断行した日産は、巨額な赤字から過去最高の利益へとＶ字回復を果たした。コストの徹底した削減によって、財務面のコミットメントはすべて短期間に１００％達成した。日産は華々しく復活し、カルロス・ゴーンは一躍、経営者の鑑《かがみ》となった。

ゴーンは日経新聞『私の履歴書』で、「シフト」という写真集を取り上げている。１９９９年から「日産１８０」の終わる２００５年までの足跡をたどった写真集で、社員全員に２００５年11月に配ったものだ。

〈最も思い出深いのは最後の写真だろう。販売台数を世界で１００万台増やす目標を達成した時のものだ。社員たちは偉業を成し遂げた〉（注３）

カルロス・ゴーンが日産で最も輝いていた時期であった。

あくなきマネー欲、権力欲の原点

日産自動車の救世主と崇《あが》め奉られたカルロス・ゴーンは、２０１８年11月19日、逮捕された。水に落ちた犬は叩けの諺《ことわざ》どおり、悪逆非道の銭ゲバぶりが次々と暴かれていく。

その原点は幼児期の赤貧洗うがごとき生活にあった。

正式の名前はカルロス・ゴーン・ビシャラ。

〈祖父は20世紀初めに13歳でレバノンを後にし、ブラジルに渡った。（中略）祖父はリオで少し働くと、アマゾン川流域にチャンスを求めて移った。ボリビアとの国境にあり、ブラジル領にまだなっていなかったグアポレ、今のロンドニア州ポルトベーリョという未開拓地だった〉（注３）

そこはゴムが採れた。祖父は輸送業を手掛けた。数年後、ゴーンの父親のジョージ・ゴーンが生まれた。父は適齢期になると、レバノンに渡った。ナイジェリアで生まれ、レバノンで高等教育を受けた母ローズと出会い、結婚した。父が祖父の会社を引き継ぐ。

ゴーンは、ポルトベーリョで１９５４年３月９日、ジョージの長男として生まれた。

〈元気のいい赤ん坊だったが、２歳になったある日、事件が起きた。

アマゾン川流域は高温多湿で蚊が多い。子供はみな煮沸《しゃふつ》した水を飲んでいたが、私は井戸の水をそのまま飲んでしまった。高い熱が続き、生死をさまよった。医者は両親に「この子に元気になってほしければ、気候のもっといいところに引っ越しなさい」と言ったという〉（注３）

〈家族は医者の勧めでリオデジャネイロに引っ越した。だが、私はなかなか回復せず、母は「もっと環境のいい所で療養を」と父に訴えた。父も反対しなかった。話し合った結果、母と姉、私はレバノンに移り、仕事のある父はブラジルに残ることになった〉（注３）

アマゾンの未開拓地で育ったゴーン。その貧しさの経験が、あくなき上昇欲、金銭欲、権力欲に向かわせたのかもしれない。

徹底的なコストダウンで出世

ゴーンは６歳のときにレバノンに移住する。ゴーンの人生で、母親と暮らしたレバノン時代が一番ハッピーだったようだ。

あの傲慢《ごうまん》なゴーンが母親に向ける視線は優しい。レバノンは１９７５年の内戦までは「中東のスイス」といわれ、平和だった。母はそんなレバノンが大好きだった。

イエズス会系で高校までの一貫校のコレージュ・ノートルダムに通った。成績はよかった。17歳になると、進路の選択が待ち受けていた。レバノンで高等教育を受けてもよかったが、母はフランスの大学を薦めた。母は美しいフランス語を操り、フランス人以上にフランスびいきだった。

母の影響でパリの大学に進学したことが、ゴーンの人生を決めた。

フランス最高峰の理工系大学であるエコール・ポリテクニーク（国立理工科大学）に入学。さらに名門のエコール・デ・ミーヌ（国立高等鉱業学校）に進む。卒業生の多くは国家公務員となったが、ゴーンは別の道を歩む。

1978年、仏大手タイヤメーカーのミシュランに入社した。名門校出身で博士号を持ちながら、会社からオファーされた中央研究所への配属を断り工場勤務を希望する。これはゴーンの「計算高さ」を示す最初のエピソードだ。『経営』ではこう語った。

〈「私は初めから、製造部門への配属を希望していました。もう入社前からです。実際契約条件を提示する時、会社は私に『研究所で働いてほしい』と言ったのですが、私はこう答えていたのです。『研究所は嫌です。私は技術者としてタイヤの専門家になるためにミシュランに入るのではありません。もっと全体的な部分で会社に貢献するために、ミシュランに入りたいのです。そのために最もふさわしいのは製造部門だと思います。製造部門ではあらゆることが経験できます。製品について、工場で働く労働者や技術者のことについて、また経営についての知識を得られるのは製造部門だろうと思いますから……』。この主張は、最終的には聞いてもらえました」〉（注11）

優秀な人材が集められる中央研究所を避け、エリートが配属されず競争が緩い生産現場で「目立つ」道を選んだのだ。

このもくろみは見事当たる。ゴーンはわずか26歳で工場長に抜擢《ばってき》され、ミシュランの経営陣の目に留まる。「目立つ」ための方法は簡単だった。徹底的なコストダウンを図ったのだ。経費さえ節減すれば、利益は簡単に上がる。名門校出身で頭の回転が速いゴーンは、すぐに、このことに気づいたようだ。

コストカッター、ゴーン経営の原点がここにある。

30歳で故郷であるブラジル法人の最高執行責任者（COO）、35歳で北米法人の最高経営責任者（CEO）と、出世の階段を駆け上がる。コストダウンで短期間に黒字化したのが昇進の決め手になった、とされている。

1996年、42歳の若さで、ゴーンはミシュランのトップ近くまで昇り詰めた。だが、同族経営で世襲制をとっているミシュランでは、それ以上の地位は望むべくもなかった。野心家のゴーンは、これに我慢できなかった。

そんなとき、経営不振に陥っていたルノー会長のルイ・シュバイツァーがゴーンをナンバー2としてヘッドハンティングした。

「ルノーからのオファーを受けたのは、いつかトップになりたかったからではない。新しいことを学び、挑戦したかったのだ」と『履歴書』に書いているが、信じる向きは少ない。

日産再建に自ら手を挙げる

ゴーンは1996年10月、仏ルノーに入社した。ルノーは1898年にフランス人技術者、ルイ・ルノーとその兄弟によって設立された自動車メーカー。1945年、第二次世界大戦後、シャルル・ド・ゴールの行政命令により国営化された。1996年、完全民営化されたが、だから筆頭株主はフランス政府なのである。

民営化した年にゴーンはスカウトされ、ルノー入りを果たした。42歳の上席副社長として、ルノーでも徹底的なコスト削減を実施し、収益の回復に貢献した。ゴーンは、正式に「コストカッター」の異名《いみょう》を授けられた。

さらなる転機は1998年。独ダイムラー・ベンツと米クライスラーの合併で、自動車業界は世界的再編に突き進んだ。ルノーは巨大な自動車メーカーに太刀打ちできない。他社との統合や提携を考えるときが、とうとうやってきた。

当時の日産は、世界中から再起不能と見なされていた。だが、ゴーンは提携相手として日産を本命と考えていた。

『履歴書』では〈私は終始、交渉の中心にはいなかった。シュバイツァー会長からは「いざという時は手伝ってほしい」と言われていた〉（注3）と書いている。

『経営』では、まったく別だ。〈日産との交渉が進み始めた頃、私はシュヴァイツァーに、「いざという時には協力させてほしい」と、そう言ってありました〉（注11）

『履歴書』によると、〈お呼びがかかったのは交渉とは直接関係のないことだった。例えば、98年11月に東京を訪れた。会長から「日産にルノーでの200億フラン削減計画を説明してほしい」と言われ、3時間話した。塙《はなわ》社長と6人の幹部がいた。

２０１５年12月に亡くなった塙さんは後にこう教えてくれた。「ルノーと提携したら、ゴーンさんを送ってもらえるように頼もうと思ったのは、あの時だよ」〉（注３）

塙が日刊工業新聞のインタビュー「決断・そのときわたしは」で語った回顧談とはかなり違う。98年11月、ゴーンが日産でルノーの２００億フラン削減計画を説明したくだり。

〈私はその会議に出席していません（中略）カルロス・ゴーンが優秀なことはシュバイツァーさんから聞いていましたが、じっくり話したのは彼が99年４月に日産に着任してからです〉（注１）

１９９９年３月27日、ルノーと日産は資本提携した。ルノーはゴーンを日産に送り込んだ。

〈シュバイツァー会長はある日、「送る人間は君しかいない」と私に告げた。ある程度予想はできていた。職歴を考えれば、企業再生や異文化の経験など条件がそろった幹部は私だけだった〉（注３）

自負心を込めながら、謙遜《けんそん》した書き方をしている。ゴーンは英語、フランス語、アラビア語、ポルトガル語を自在に操るマルチカルチャー（多文化）を体現した人物だ。さまざまな文化に囲まれて育ち、グローバルなレベルで会社再生の成功体験を持つ彼は、モノカルチャー（単一文化）のしがらみにとらわれることなく、日産の改革を白紙の状態からはじめることができるとの自信が読み取れる。

『経営』では、こんなことも言っている。

〈実は交渉がほぼまとまったあと、ルイ・シュヴァイツァーから、「君はどのくらいの確率で成功すると見ているのかね？」と聞かれたことがあります。私は「フィフティー・フィフティーです」と答えました。もう調印間近の頃です。私が「社長は？」と聞き返すと、数字こそ挙げませんでしたが、こう答えました。「君が成功の確率をそんなに低く見ていると知っていたら、この話は進めなかったよ。フィフティー・フィフティーの確率なら、私は社運を賭けることはできない」。つまり、シュヴァイツァーは私よりも楽観的だったということです〉（注11）

ゴーンは自分だからこそ成功率を五分五分と見なしていた日産を再建させることができたと自慢しているのである。ルノーの経営陣の大半は4兆円を超える有利子負債を抱えた日産の救済に二の足を踏んでいた。

ゴーンは送り込まれたのでない。自ら手を挙げて日産にやってきたのだ。企業規模が大きければ大きいほど経費節減ののりしろは大きくなる。ゴーンはミシュランとルノーの現場で、それを熟知していた。ここでもゴーンの「計算高さ」が発揮された。

１９９９年６月、カルロス・ゴーンは日産の最高執行責任者（ＣＯＯ）に就いた。同年10月、経営再建計画「日産リバイバルプラン」を掲げて国内５工場を閉鎖し、２万１０００人を削減した。２００８年秋のリーマンショックを受け、グループ全体で２万５０００人のリストラを断行したから、彼は合計で４万６０００人の首を切ったことになる。「コストカッター」はゴーンの代名詞だが、再生の名を借りた〝首切り人〟でもあったわけだ。

ルノーへのコミットメントは「日産の植民地化」

コミットメントが売り物だったゴーンが日産に来たとき、ルノーのドンのルイ・シュバイツァーが課したコミットメントは何か。むろん、公表されているわけではない。だが、ゴーンがやってきたことを見れば、おのずと判ってくる。

「日産をルノーの植民地にすること。フランスがインドシナで展開した植民地政策そのままだ。収奪あるのみ。ゴーンは、その役目を完璧にやりとげたといっていいだろう」（自動車担当のジャーナリスト）

アライアンスの仕組みが完成すると、ルノーの出資比率は最大で44・４％となったが、日産のルノーへの出資比率はわずか15％、しかも、これらは議決権のない株式だ。日産はルノーの経営には何の発言権も持たない。対して、ルノーは日産の経営を完全にコントロールできるという不平等条約が締結されたも同然で、日産の植民地化の準備が整った。

植民地的収奪のターゲットは技術とカネである。まず技術。日産の元開発担当の幹部は、ゴーンの狙いをこう説明した。

「日本のメーカーのなかでも、一時期、最も優秀といわれた日産の開発部門をルノーは手に入れたい、と考えていた。これ（日産の技術）を使って、ルノーの戦略車を開発する。日産の新車の開発に偏りが出たのは、最初からルノーは日産の開発部門を自分たちのために使うと考えていたからで、当然の帰結である」

「週刊東洋経済」の『特集　日産　危機の全貌』（２０１８年12月15日号）の「匿名座談会」で元役員と元エンジニアがこう語っている。

〈――日産とルノーはどちらの技術力が上ですか？

元役員Ａ：日産のほうが質は高い。ルノーは米国に出荷する車を造れない。（米国で走ることが許されるクルマの）基準を乗り越えられず、何度挑戦してもできなかった。エンジンとシャシー（足回り機構）で日産と組んで、ようやくレベルが上がってきた。

元エンジニアＢ：日産や系列サプライヤーの技術がルノーより優れていても、政治的な判断でルノー側の技術が使われることが多く、残念な思いをたくさんした〉（注13）

プラットフォーム（車台）を共同開発するとの触れ込みだったが、実態は日産が日産の費用で開発したプラットフォームをルノーが使っているわけで、ルノーの側の開発費の負担の軽減はかなりの金額になったはずだ。

ルノーの工場の稼働率を上げるために、日産の小型車や商用車の生産がルノーの工場に移管された。ルノーには大きなメリットだが、日産にとってはコスト増以外の何物でもない。後述するように、インドでつくる予定のクルマをわざわざフランスで生産するという、わけのわからない決定をゴーンはしていた。

鋼材など資材を共同購入でも、ルノー側はメリット大であった。

電気自動車（ＥＶ）についていえば、ルノーにはまったく独自の技術がなく、日産におんぶにだっこの状態だった。最先端技術に行けば行くほど、開発の針は日産に振れた。成果だけをルノーが享受していたといっても過言ではない。

すべてはルノーのため。利益を得るのは、いつもルノー。日産が費用を自己負担して、黙々と開発に励んだ〝果実〟をルノーが貪《むさぼ》る図式だ。

〝上納金〟は1兆円

植民地的収奪のもう1つはカネ。配当のかたちでカネを吸い上げた。日産が急ピッチで進めてきた増配政策がそれだ。この果実をフルに享受したのが筆頭株主のルノーである。

筆者は２００９年、「月刊現代」（２００９年1月最終号）に、日産の1株当たりの配当金とルノーが受け取った配当金額（推計）をまとめた記事を書いた。それをもとにその後の経過を加えたものが次ページの表である。

ルノーは日産に８０１６億円を投じたが、２０１８年3月期までの配当金で全額回収したことになる。２０１９年3月期（見込み）を加えると、ルノーが受け取る配当金の総額（累計）は９６９６億７４００万円となる。日産がルノーに出資した約２４７０億円、さらに11年3月期、16年同期、17年同期の３回の日産株式の売却で、ルノーは１４００億円強を手にしている。これら

日産の１株当たりの配当金と
ルノーが受け取った配当金額（推計）

決算期	１株当たりの配当金	ルノーが受け取った配当金額
2001年３月期	7円	102億4900万円
2002年３月期	8円	138億7300万円
2003年３月期	14円	280億5600万円
2004年３月期	19円	380億7600万円
2005年３月期	24円	480億9600万円
2006年３月期	29円	581億1600万円
2007年３月期	34円	681億3600万円
2008年３月期	40円	801億6000万円
2009年３月期	11円（下期０円）	220億4400万円
2010年３月期	0円	0円
2011年３月期	10円	196億2000万円
2012年３月期	20円	392億4000万円
2013年３月期	25円	490億5000万円
2014年３月期	30円	588億6000万円
2015年３月期	33円	647億4600万円
2016年３月期	42円	819億2900万円
2017年３月期	48円	879億2600万円
2018年３月期	53円	970億8500万円
累計額		**8652億6200万円**
2019年３月期（予定）	57円	1044億1200万円
見込み総額		**9696億7400万円**

を合算すれば、この時点でルノーが得た資金は１兆３５００億円を突破する。

２０２０年３月期の配当金はゴーン体制下では57～60円の配当を予定しており、この時点で配当金だけで累計１兆円の大台に乗せるとみられていた。ただ、今後、ルノーとの関係が変化すれば、配当政策が見直され、配当金が減る可能性は残る。

ルノーにとって日産は、継続的に支配する価値がある〝走る（打ち出の）小槌《こづち》〟なのだ。

開発費が削減され国内販売が低迷へ

ゴーンがルノーへの配当を最優先課題にしたため、しわ寄せがくる。配当という名の膨大な資金をルノーが吸い上げるには、それ相応の利益を日産は上げなければならないからだ。

利益を確保するために削減したのが研究開発費だった。日産が取り組んできたハイブリッド車や自動運転などの次世代技術の研究は中断に追い込まれ、技術陣はトヨタやホンダに大きく水を開けられた。増配優先策は、モデルチェンジを遅らせ、国内販売の低迷をもたらした。

ゴーン改革の当初、開発担当ＯＢは怒っていた。

「ゴーンはＶ字回復を実現するためにモデルチェンジを遅らせた。というのも１車種をモデルチェンジするのに３００億円はかかる。金型や治具《じぐ》・工具などで１５０億円、テスト用の車を手づくりして、灼熱《しゃくねつ》、極寒などの劣悪な環境でテストをおこなうための費用が人件費を含めて１５０億円。４年ごとと６年ごとのモデルチェンジのスケジュールが、ゴーンが就任した当初は、かなり間引かれた。間引けば、それだけ開発コストが削減でき、表面上、利益が出る。これが新車開発の齟齬《そご》につながった」

この方針はその後もつづく。自動車大手3社の直近の研究開発費を比べてみれば、それは明らかだ。

【研究開発費】

	〔17年3月期〕	〔18年3月期〕	〔19年3月期（計画）〕
日産	4904億円	4958億円	5400億円（EV開発）
トヨタ	1兆3775億円	1兆6442億円	1兆8000億円（自動運転技術）
ホンダ	6853億円	7307億円	7900億円（自動運転技術）

ゴーン流人事の要諦「ナンバー2を潰せ」

ゴーン体制下での最大の変化は、日産の公用語が英語になったことだ。日産に乗り込んできたゴーンがまず手掛けたのは人事だった。ゴーンは、人事＝リーダーシップと考えていたフシがある。官僚化していた当時の経営陣や中高年の中間管理職を排除し、若手を大量に抜擢した。

英語使いで重用されたとして、日産社内で語り草になった人物がいる。40歳そこそこで執行役員になり、関連会社の社長に出た。

「ゴーンがたまたま、その関連会社の役員会に出たことがあったが、2人の会話の親密さに、関連会社の役員もゴーンのお付きでやってきていた日産本体の役員も内心嫉妬《しっと》したという。ゴーンは男の嫉妬までも経営のバネに使った。ゴーンは経営心理学者でもあるのだ」（日産グループの元幹部）

日産の最高意思決定機関は「EC（エグゼクティブ・コミッティ）」と呼ばれる経営委員会である。ゴーンを議長に、取締役が参加して開かれる会議は、いうまでもなく英語で進められた。「ゴーンとディベートできる人間は社内には誰ひとりいない。ゴーンは聞く耳を持っているとつねづね言うが、結局、ゴーンの独演会で終わる。低次元の反発をしたりするとスパッと首を切られる。ゴーンは神であり、批判を許さなかった。ゴーンのディベート能力は確かに凄いし、一瞬、一緒にやっていこうという気持ちにさせられる。だが、結局、途中から絶対的な神（の声）だと気づかされることになる」（同前）

「ナンバー2を潰せ」がゴーン流の人事の要諦《ようてい》だった。2004年4月にゴーン自身は苦戦がつづく日本事業の担当を外れ、北米事業を担当していた松村矩雄副社長を後任に指名した。代わってゴーンは松村が立て直した北米担当の座に納まった。

しかし、その1年後、松村は日本事業の数字の未達成の責任を問われて退任した。「北米で成果をあげた松村副社長は、次期社長の最有力候補と目《もく》される存在になった。そこで、日本事業の不振を口実に追い出した」。社内ではこう噂した。

松村は日産系の自動車部品メーカー、カルソニックカンセイのM&A劇で再び登場する。2017年、米投資ファンド、コールバーグ・クラビス・ロバーツ（KKR）に5000億円近くで買収されたが、KKRは顧問に招いていた松村を水先案内人としてカルソニックカンセイの案件にたどり着いた。実際は高値買いで「KKRはカルロス・ゴーンにまんまとババを摑まされた」（国際M&Aの関係者）といわれた。

2018年10月、カルソニックはイタリアのフィアット・クライスラー・オートモービルス（FCA）の自動車部品部門、マニエッティ・マレリを62億ユーロ（約8000億円）で買収すると発表。なんとか帳尻を合わせようと必死だ。


当初ルノーから日産に派遣されてきた進駐軍は「40人のサムライ」と呼ばれた。30〜40歳代のゴーン軍団は高級住宅街の東京・白金や麻布、田園調布、六本木に住む。しかし、彼らのなかにポスト・ゴーンはいない。後継者を育てるという考えをゴーンは持っていないからだ。

「彼らはエリートだが、所詮、小型ゴーンである。日産でうまくやって、フランスに凱旋《がいせん》帰国することしか頭にない。ゴーン・チルドレンはルノーの進駐軍のなかにもいるし、英語使いで抜擢された日本人のなかにもいる。

ゴーン・チルドレンのなかから後継者が出たりすると、日産は本当にピンチだ。日産プロパーで、経営を任せられる人材は皆、切られてしまって、誰もいない。国内の自動車会社でどこがいちばん苦しいかと聞けば100人中100人が日産だと答えるだろう。

日産の経営は『選択と集中』といえば聞こえがいいが、資産は売却してしまって、ほとんど残っていない。工場の新しい設備はリース。役員が乗る車やディーラー（販社）の車両を運搬するトレーラーまでリースだ。総資産回転率は格段によくなったが、実態はガランドウなのだ」（前出の日産グループの元幹部）

ルノー、日産、ルノー・日産BVの絶対権力を手にする

2005年5月、ゴーンはルノーの社長兼CEOに就いた。『履歴書』に誇らしげに書いている。

〈05年という年は個人的にも転機を迎えた年だった。5月、私は仏ルノーの株主総会で、CEOに選出された。ルイ・シュバイツァー前会長はCEOを降りる3年前から「次はカルロス・ゴーンだ」と公言していた。もっと前に私に引き継ぎたかったようだが、日産の改革に集中したかった私が少し待ってほしいとお願いしていたのだった。

私は日産とルノーという「フォーチュン・グローバル500」（引用者注：経済誌『フォーチュン』の世界企業500社のリスト）に名前が載る2つの大企業を同時に率いる初の経営者になった。両社を同時に経営することで、「ルノー・日産アライアンス」という形で関係をより発展

させることも可能になった〉（注3）

〈日産について言えば、私とともに経営にあたるCOOのポストをつくり、志賀俊之《しがとしゆき》常務を指名した。私の時間の半分はルノーのためのものなので、日産だけのトップの時のように細部までは目配りができない。もちろん、戦略の部分は私を議長とする最高意思決定機関「エグゼクティブ・コミッティー（経営会議）」で決めるのだが、仕事の一定割合は役割分担が必要だった〉（注3）

2005年の首脳人事では、西川廣人が副社長に昇格した。購買部門の副社長を務めるとともに、南北米地域や欧州の経営会議議長を務め、世界中の要職に就いた。

日産はゴーンCEOの下、国内は志賀COO、海外は西川副社長のトロイカ体制となった。

ゴーンは、ルノー、日産、ルノー・日産BVのすべてを掌握する絶対権力者となった。ゴーンが絶対権力者になり得たのは、ルノーの社長兼CEOとなり、日産のトップでありながら、日産を監視する側のトップに立ったからである。ルノーを治め、日産の株主総会を動かす力を持ったことで独裁者になった。

前出の中西の分類による「シナジーと不満」の第2段階にあたる。問題点を、中西はこう指摘した。

〈親子上場自体が、日産の少数株主と親会社であるルノーとの利益相反を生む構造である。ましてや、２つの上場企業のトップが兼務されていることは、「利益相反」の問題が大きすぎ、ガバナンス構造には多大な問題があると認識されていた。

従って、ルノーの出資比率を１００％に引き上げて統合する方向か、日産も上場を続けるのであれば、ルノーの出資比率を引き下げるなどの合理的な判断が必要と見られてきた。その議論を進めるチェック機能がガバナンス構造に必要だと言われ続けてきたのである〉（注12）

皮肉なことに、ガバナンス構造の見直しがルノーと日産の対立点となる。

ルノーを揺るがしたEV機密漏洩事件

お膝元のルノーでは、ゴーンのCEOの地位を脅《おびや》かす事態が起きた。

２０１１年の新年早々、ルノーの大スキャンダルが飛び込んできた。幹部社員による電気自動車（EV）の機密漏洩《ろうえい》事件である。仏メディアは連日、ルノーの産業スパイ事件を大々的に報じた。

米ウォール・ストリート・ジャーナル日本版『陰謀と焦り――ルノー・スパイ事件の顛末は？』（２０１１年3月10日付）をベースにして、事件の経緯をたどってみよう。

ことの発端は２０１０年８月、ルノーに届いた1通の匿名の手紙からだった。「ルノーの幹部３人が、日産と共同開発中のEVの心臓部である電池に関する情報を持ち出した」と、手紙は告発していた。

ルノーは10年8月末から4ヵ月にわたる社内調査をおこない、その結果、「漏洩の事実が確認された」として2011年1月13日、被疑者不詳のまま、産業スパイ罪や背任罪でパリ地検に告発した。

ＥＶの技術情報を社外に漏らしたとされる3人が解雇された。解雇された1人は経営委員会のメンバーで、ＥＶ開発の最高責任者だった。仏内務省の中央国内情報局（ＤＣＲＩ）が捜査に着手。ルノーの大株主のフランス政府は「経済戦争の脅威《きょうい》にさらされている」と危機感を露わにした。

仏メディアは「機密情報は最終的に中国に渡った可能性がある（とルノーが見ている）」と報じた。「解雇された幹部3人のうち2人がスイス、リヒテンシュタインに銀行口座を持ち、ＥＶ関連情報の提供と引き換えに外国企業からの報酬を受け取ったという疑いがもたれていた。2人の銀行口座の残高は63万ユーロ（当時の為替レートで約7000万円）に上る」との、見てきたような報道もあった。スイスの秘密口座には中国企業から報酬が振り込まれたとされる疑惑まで浮上し、国際的な産業スパイ事件に発展した。

産業スパイ事件は謀略だった

その後、事件は意外な展開をたどる。こともあろうに、この事件はデッチ上げられたものだった。

仏メディアによると、産業スパイ事件を捜査中のパリ検察当局は、「事件そのものが存在しない」との見解を表明。逆に、社内調査を担当した安全部門の社員3人が情報提供者へ支払われたはずの報酬2700万円を着服した疑いがあるとして、詐欺《さぎ》容疑で逮捕された。社内調査はデタラメだったというのである。

産業スパイのデッチ上げ事件に激怒したのが、筆頭株主のフランス政府である。経営責任を問う圧力が強まった。

2011年4月11日、ルノーのナンバー2だったパトリック・ペラタ最高執行責任者（COO）が辞任した。ペラタは1999年にゴーンが日産に乗り込んできたとき、ゴーンと一緒に来日し、日産の副社長に就いた人物だ。別の役員ら3人も役職を解かれた。産業スパイを疑わせる偽情報を流して、詐欺容疑で逮捕された安全部門の3人は解雇された。

ルノーは、産業スパイと疑われた幹部の3人をすでに解雇していた。3人は不正行為に関わったことを否定し、精神的な打撃を受けたとして、ルノーに対して計1100万ユーロ（約13億円）の損害賠償《ばいしょう》を求めていた。ルノーは、この3人の処分を撤回し、請求を受け入れることで合意したと伝えられた。

「彼ら3人は社内抗争の犠牲者《ぎせい》」とされた。EV開発の立役者を追い落とす謀略に、お粗末にもルノーの経営陣が嵌《は》められたのだという。

日産CEOの座がゴーンを救った

この事件に絡んで複数の幹部が引責辞任したが、ルノーのトップのカルロス・ゴーンは最高経営責任者の地位にとどまった。２０１０年分のボーナス、１６０万ユーロ（約2億円）の返上と２０１１年分のストックオプションを辞退したことで責任を取ったと、本人は言っている。

金融商法取引法違反に問われているゴーンの役員報酬隠しがはじまったのは２０１１年３月期からである。うがった見方をすると、ルノーの役員報酬が減額になった分を穴埋めするために、日産で役員報酬を荒稼ぎしたのかもしれない。

ゴーンは日産とルノーという、異なる国のトップを兼務するという珍しい立場にあった。ルノーの会長を辞任すれば、日産の社長も辞めざるを得なくなるだろう。仏政府は、偽産業スパイ事件が日産（の経営）に波及することを懸《け》念《ねん》して、ナンバー2のペラタCOOの辞任で矛《ほこ》を収めたといわれている。

ゴーンは間違いなく日産の救世主だったが、今度は、その日産がゴーンを救った。

これまでも述べてきたとおり、ルノーは政府系の自動車会社としてアキレス腱を抱えていた。収益力が乏しく、日産からの配当金がなければ、経営が事実上、困難になるからだ。高率配当を優先的にルノーにもたらすゴーンを、仏政府は、おいそれとは切るわけにいかなかったのだ。

だが、産業スパイ事件からわかったこともあった。ゴーンがルノーの経営陣を掌握しきれていないのではないか、ということだ。ゴーンの信頼性が大きく傷ついたことは間違いない。

産業スパイ事件の最中に、日産にも動きがあった。日産は2011年4月1日付で西川廣人副社長に代表権を与えた。これで代表権を持つのはゴーン会長兼社長兼CEO、志賀俊之COO、西川の3人になった。ゴーンの退任に備えた布石と受け取る向きもあった。「ポスト・ゴーンの後継レースは日本人の2人に絞られた」と自動車業界では取り沙汰《ざた》された。

業績不振で志賀COOを解任

ゴーン流経営の神髄はコミットメント（必達目標）経営だ。数値目標を掲げ目標の達成を最も重視してきた。目標を達成できない場合、責任を取ることを求める。執行役員クラスでは懲罰《ちょうばつ》人事が頻繁におこなわれた。

2013年4月1日付で、日本営業担当の常務執行役員とEV担当の執行役員が子会社に飛ばされた。12年（暦年）に日産の国内市場のシェアは2位から5位へ転落し、EVも販売不振がつづいていることから詰め腹を切らされた。その後の志賀COOの更迭《こうてつ》もコミットメントを達成できなかったからにほかならない。

電撃的なナンバー2の解任劇だった。日産自動車は2013年11月1日、志賀俊之COOが代表権を持った副会長に退く人事を発表した。COOの職務は西川廣人副社長、アンディ・パーマー副社長、トレバー・マン副社長の3人が分担して引き継ぐ。会長とＣＥＯを兼ねるカルロス・ゴーン社長は留任である。

日産は当初、11月5日に２０１３年9月中間決算を発表する予定で、ナンバー2の志賀ＣＯＯが会見することになっていた。ところが発表を11月1日に前倒ししたうえに、ゴーンが予定していた韓国訪問を急遽《きゅうきょ》キャンセルして横浜市の本社で記者会見した。14年3月期通期の業績が下振れする見通しとなったのを受けて、ゴーン自身は「懲罰ではなく、若返りだ」と述べた。ＣＯＯ職は廃止した。

副会長になる志賀のＣＯＯ解任は11月1日付、北米日産の会長兼社長のコリン・ドッジ副社長は14年1月1日付でＣＥＯ・ＣＯＯおよび8人の副社長で構成される最高意思決定機関、エグゼクティブ・コミッティ（ＥＣ）のメンバーから外れる。2人とも経営の決定権者でなくなるわけだ。

代わって中国法人である東風汽車有限公司総裁の中村公泰《なかむらきみやす》と米州地域上級副社長のホセ・ムニョスが日産の副社長となり、ＥＣメンバーに新たに加わる。（中村は２０１８年4月、無資格検査問題で松元史明と共に取締役副社長を更迭された）

新体制では西川副社長がゴーン社長に次ぐナンバー2となり、業務を執行する経営会議（オペレーションズ・コミッティ）の議長を務める。購買や生産、研究開発の統括を継続するほか中国地域にも責任を持つ。パーマー副社長はグローバル販売、電気自動車（ＥＶ）事業を、マン副社長は新興国専用車のダットサン事業などを受け持つ。

ゴーンは記者会見で、人事について「若返りだ」と述べ、志賀の更迭ではないことを強調した。次期社長の本命とされてきた60歳の志賀が外れたのは若返りのためと説明したが、新たにナンバー２となった西川は志賀と同じ１９５３年生まれ。若返ったわけではない。志賀の解任であった。

ルノーでも独裁体制を確立

志賀解任の２ヵ月前となる２０１３年８月、ゴーンがＣＥＯを兼任している仏ルノーでも、ナンバー２だったカルロス・タバレスＣＯＯが解任されていた。ゴーンは予定されていた米カリフォルニア州での自動運転車の発表会への出席を急遽キャンセルしてフランスに戻り、臨時取締役会でタバレスの解任を決めた。

テストドライバーとして入社し、ＣＯＯまで上り詰めたタバレスはゴーンへの不満を募らせていたという。日産ＣＥＯを兼務するゴーンはルノー本社を留守にすることが多く、タバレスは自身の権限拡大を要求していたがゴーンがこれを拒否。２人の対立が決定的となり、解任につながったとフランスの新聞は報じていた。

ルノーでは２０１１年に虚偽の産業スパイ事件の責任を取って当時ＣＯＯだったパトリック・ペラタが辞任。後任にタバレスが就いた。両者とも〝ポスト・ゴーン〟の有力候補とされていたが、ゴーンはトップの座を譲る気はさらさらなかった。

ナンバー2のポストであるCOO職を廃止。新たに最高競争力責任者と最高業績責任者を設け、この2人の責任者をゴーン直属の部下とした。

日産でもナンバー2である志賀COOを解任し、COO職を廃止した。ルノーの轍《てつ》を踏んだわけだ。そこから見えてくるのは、ゴーンCEOのワントップ体制の強化である。

今回の日産の新体制はCOOの職務が3人の分業体制となり、権限はゴーンに集中する。ナンバー2を必要としないゴーン自身への一極集中である。権力はゴーンに集中するが、経営責任の取り方ははっきりしないままだった。

ルノーがもぎ取るアライアンスの果実

ゴーンは日産のCEOとしてたしかに日産を甦らせたが、その後はルノーのCEOであることばかりが目立った。ルノーと日産は対等な関係という壮大なフィクションは、馬脚をあらわしてきた。

2013年、日産は主力小型車「マイクラ（日本車名マーチ）」の次期モデルを仏ルノーのパリ近郊の工場で生産すると発表した。年間8万2000台規模で2016年に生産を開始する。欧州通貨危機で業績が悪化したルノーの救済措置であった。

日産はインド、メキシコ、タイ、中国の4拠点でマイクラを生産。欧州、中東、アフリカ、インド向けはインド・チェンナイ近郊の工場で生産していた。2013年3月期のマイクラの販売台数は23万6000台。インド工場で9万台生産し、欧州向けに5万3000台を輸出した。インドの国内向けはインド工場に残して、欧州向けなどの生産をルノーの工場に移管することになったわけだ。

委託生産は自社工場で生産するのに比べて原価低減の余地が限られる。新興国の自社工場に比べ生産コストが高いルノーの工場に移管することで、マイクラの採算悪化につながる。だから、これまで仏ルノーへの生産委託について、日産の幹部は「あり得ない。おとぎ話だ」と一蹴《いっしゅう》していた。

今回のルノー仏工場でのマイクラ生産についても、日産側はトレバー・マン副社長が「（ルノーへの）生産委託で経済・物流面での利点を享受できる」とコメントした。だが、誰が見たって、労働生産性が低く、労働組合の力が絶対的に強いフランスの工場で生産するより、タイやインドでつくったほうが〝安くてよい車〟ができることは明らかだ。

日産とルノーは最良のパートナーとして支え合う関係にあると自画自賛してきた。ルノーは欧州、南米、日産は北米やアジアに生産拠点を持ち、市場を補完する面でも相性はよかった。だが、ギリシャに端を発する欧州債務危機の影響で、景気停滞がつづく欧州市場で販売が減少。仏ルノーは経営不振に陥った。

ルノーの2012年12月期の連結決算の売上高は前年同期比3・2%減の412億7000万

ユーロ（5兆1600億円＝1ユーロ125円で換算）、営業利益は同33・2％減の7億2900万ユーロ（910億円）と減収減益だった。43％の株式を握る日産からの持ち分利益（1540億円）を含めて純利益は17億3500万ユーロ（2100億円）を計上したが、それでも前の期より18・9％の最終減益となった。

ルノーの自動車部門は営業赤字に転落した。世界の新車販売台数は前年比6・3％減の255万台に落ち込んだ。地元フランスでは同20％減の55万台と激減。欧州全体でも同18％減の127万台と大きく販売台数を減らした。

このためルノーは13年1月、16年までにフランス国内の従業員の17％にあたる8000人の人員削減策を発表した。コストカッターの異名をとるゴーンCEOのリストラ提案に、労働組合は猛反発。パリ市内では大規模なデモがおこなわれた。

「従業員のクビを切るなら、もらっている高い報酬も減らせ」

「経営トップを代えろ」

ゴーンCEOを批判するシュプレヒコールがこだました。事態を重く見たフランス政府が動いた。ルノーはかつては国営企業であり、いまも政府はルノー株式の15％を保有する筆頭株主だ。

モントブール仏産業再生相（当時）は「ルノーの業績が悪いとき、日産がルノーを手助けするのは当然」（4月22日付日本経済新聞）と発言し、圧力をかけた。倒産しかかった日産をルノーが助けてやったのだから、今度は、日産が助ける番だ、というわけだ。

ルノーの労使は経営合理化策で合意したが、政府が雇用維持を求めたため、人員削減は自然減を中心に実施することになった。国内工場は閉鎖せず、フランス国内での生産台数は12年の53万台から16年には71万台に増やす。このうち８万台をパートナーからの生産で補うとした。工場は閉鎖せず、人員削減も自然減、パートナー（＝日産）からの委託で生産を増やす。「満額」以上の回答だ。日産がルノーを助ける番が回ってきた、との認識が、すみずみまで滲み渡っていた。

雇用を重視するフランス政府からもゴーンＣＥＯへの批判が高まった。フランス政府を刺激するのは得策ではない。そこで、ゴーンは労働組合にリストラを呑ませる条件として「２０１６年まで役員報酬の３割を返上する」と提示して収拾した。

ゴーンの役員報酬は３億７０００万円程度と見られていた。その３割は１億１０００万円。13年から16年までの４年間に４億４０００万円の役員報酬をカット、とされた。

マイナスになった分を、いかにして取り戻すか。日産で取るしかない、という図式となる。のちに明らかになる２０１１年３月期～18年３月期までの８年間の役員報酬隠しは総額91億円（第５章参照）。表向きの79億円弱と合わせれば１７０億円強である。強欲すぎる数字だ。

日産社内に高まる不満

日本国内では天下無敵のゴーンだが、フランス政府には頭が上がらない。２０１０年にマイクラの兄弟車の「クリオ」をフランス工場からトルコに全面移管する計画を発表したが、国内の生産の維持を求める当時のサルコジ政権に中止に追い込まれた。フランス政府の圧力で経営方針を転換したのは、今回のマイクラで2度目だった。

このマイクラ問題について、「週刊東洋経済」の『特集 日産 危機の全貌』(2018年12月15日号)はこう記している。

〈ゴーン氏は当時、本誌の取材で、「合理的でビジネスの利益を考えた判断」と述べていたが、日産社内では「低迷するルノー工場の稼働率を上げるためだろう」と不満が渦巻いた。すると「連合全体の利益で、ルノーへの利益誘導ではない。不満を口にするのはやめるように」。現社長の西川廣人氏は、我慢してくれと言わんばかりに、社内会議でそう説明したという〉(注13)

そうでなくても日産の若手社員からは「日産のカネで開発したプラットホーム(車台)をルノーは無償で使っている。ルノーには部品を購入する際のバーゲニングパワー(対外交渉能力)がないのに、日産の名前で部品を安く購入している。ルノー・日産の部品の一括購入という名目でそうしている。ルノーがロシアなど海外に進出するときに、必ず日産にも出資させ、リスクを軽減している」などなど、喋りはじめたらルノー(=ゴーン)に対する不満が次々と挙がってきた。

ルノーのロシア進出に日産が付き合わされているというのは、ロシアの自動車メーカー、アフトワズのことだ。アフトワズはリーマンショック後の金融危機で業績が悪化。2008年にルノーが10億ドルを出資していた。そして２０１２年、ルノーと日産はアフトワズを7億５０００万ドルで共同買収したのである。

『履歴書』に、アフトワズの買収について、ゴーンはこう書いた。

〈ルノーは08年、日産も12年にロシア最大の自動車メーカー、アフトワズに出資した。その過程でロシア政府と良い関係ができた。

ロシア政府はアフトワズ再建のために外資を25％導入することを決めた。３社が入札し、選ばれたのがルノーだった。プーチン大統領は「あなたが、『ラダ（アフトワズのブランド）』はロシアのブランドであるというアイデンティティーを絶対に守ってくれる人だと思った」と私に直接理由を教えてくれた。

プーチン氏が大統領に復帰した12年、日産の出資も決まった。アフトワズはそれ以来、ルノー・日産アライアンス（提携）の一部である〉（注３）

すでにルノーがアフトワズに25％強資本参加している。ルノーの力では手に負えないので日産にさらに25％出資させて、アフトワズの発行済み株式の50％超を取得することになった。

ゴーン・日産は、日経新聞を使って「（アフトワズの共同買収で）日産・ルノー連合は販売台数で世界三位に浮上する」（２０１１年6月16日付朝刊の1面トップ）と報じさせたが、アフトワズの販売台数は年間52万台で国内のみ。国際競争力は皆無《かいむ》である。

ゴーンは、ロシアのプーチンからじきじきに再建を要請されたことから、出資を決めた。中国政府の要請で中国に進出した（第1章参照）のと同じ構図だ。早い話、ゴーンはプーチンに恩を売りたかったのだ。

生産・販売、海外進出、部品調達など、あらゆる面でルノーは日産を利用し、有形無形の利益を得ているという不満が広がっていた。ゴーンが強権を振るっているあいだは、多くの不満は声なき声として沈潜化してきたが、ゴーンの権力に少しでも陰りが見えてきたら一気に噴出する、との見方が強かった。

日産の経営陣の日本人役員はゴーンに盲従《もうじゅう》しているだけではすまなくなっていた。ゴーン自身はルノーと日産のCEOである。両社が対立したら、間違いなく「利益の相反」が起こる。こういう経営体制であることが株主の真の利益にかなっているのかどうかを、日本人（日本の投資家・株主）が真剣に考える時期に差しかかっていた。

OBたちの不安「会社が変にならないように責任持てよ」

2013年11月18日夕、横浜市の日産自動車本社1階の「グローバル本社ギャラリー」で日産創立80周年を祝うパーティーが開かれた。

11月1日にCOOを電撃的に解任され副会長になった志賀俊之を、元社長の塙義一ら有力OBが呼び止めて、「おまえ（志賀よ）、会社が変にならないように最後まで責任を持てよ」と異口同音に語った。

志賀は日産とルノーの接着剤役を務めていたといわれている。その一方で、「日産を守る防波堤」でもあった。

志賀ＣＯＯ解任で日産社内のゴーンに対する反発は、かなりエスカレートしていた。志賀はもともと傍流の人だ。最初の配属先は自動車関連ではなく、マリーン事業だった。

ルノーから〝天下り〟してきたゴーンは、日産社内で権力基盤を確立するための先兵として、志賀をＣＯＯに抜擢した。当初、日産社内には志賀ＣＯＯを冷ややかに見る雰囲気が強かったが、人柄は悪くないから、日産社内に理解者が増えていた。

「安物ばかりつくって客を騙すんじゃなくて、しっかりした付加価値の高いクルマをつくれ」と檄《げき》を飛ばしてきたのが志賀だった。一方のゴーンは伸びが期待できない（期待してもいない）日本市場は「ＧＴＲを広告塔にして、適当に安いクルマをつくればいい」と考えていた節がある。

危機感を抱いているのはＯＢたちだけではない。日産のルノー化が進むなかで、日産が独自性をいかにして確保するのか。日産の若手の幹部社員やもっと若い社員が「ルノーが持っている日産株式を買い戻す」運動を真剣に考えはじめていた。日産の現状が、かなり危機的だからである。

日産は明らかに変調をきたしていた。その原因はゴーンであった。

主要幹部が続々退任

日産では2014年9月、商品統括の副社長だったアンディ・パーマーが退社し、英高級車メーカー、アストン・マーチンのCEOに転じた。パーマーは2002年に日産の英現地法人から日産本体に入り、ゴーン体制を支える腹心の1人だった。

2013年11月の志賀解任後、パーマーは副社長に昇格。3人の副社長による社長レースの候補の1人に浮上したばかりだった。後任には仏ルノーのフィリップ・クラン副社長が急遽、登板した。

ゴーン体制に見切りをつけたのはパーマーだけではない。高級車部門インフィニティの責任者だったヨハン・ダ・ネイシン専務執行役員は米ゼネラル・モーターズ（GM）の高級車部門キャデラックのトップになった。日産・ルノーの広報を横断的に統括していたサイモン・スプロール常務執行役員は米テスラ・モーターズの副社長広報責任者に転進した。主要幹部が3人も日産を去った。

日産の親会社である仏ルノーのナンバー2を昨年解任されたカルロス・タバレス（当時COO）が4月、ルノーのライバルである仏プジョー・シトロエン・グループのCEOに就任した。これはショッキングな人事だった。

ゴーン自身は幹部の流出について、「海外企業に比べ役員報酬が低いため（人材の）草刈場になっている」（産経新聞9月10日付朝刊）と説明している。日本企業は欧米に比べて役員報酬が安いためヘッドハンティングされやすいと役員報酬のせいにしたのだが、果たして、本当にそうなのだろうか。

ルノーでは2014年4月の株主総会でゴーンの取締役再任が承認され、新たに4年間、CEOとしてルノーの舵取りを担うことが決まった。

2年間の日産の取締役の任期は2015年春に切れるが、再任は確実視された。日産の中期経営計画「パワー88」が終了する17年3月期まで、日産のトップをつづけるとの見方が有力だった。つまり、ゴーンの後継として経営トップになるチャンスが、それだけ遠のいたことを意味した。このままでは〝飼い殺し〟だ、と見切りをつけたことが主要幹部の流出につながったといえるだろう。

ゴーンはナンバー2をつくらないことで権力の座を強固なものにした。仏ルノーでも日産でもナンバー2のポストであるCOOを廃止し、ゴーンCEOに権限が集中する体制を築いた。

株主総会で「任期は株主が決めること」と公言してきた。日産の筆頭株主は43・4％の株式を保有する仏ルノー。仏ルノーのトップのゴーンが日産のゴーンの任期を決めると言っているのと同じだ。だから、一人二役のゴーンが自ら辞めることはないのである。

仏政府の介入に日産が猛反発

資本の論理に従えば、ルノーは日産への出資比率を100％に引き上げる決断が求められる。日産が上場を維持するのであれば、ルノーの出資比率を引き下げる判断が必要だ。

しかし、ゴーンはどちらの決定にも首を縦に振らなかった。ゴーンは日産に対する出資比率の見直し（＝引き上げ）を求めるルノーの株主にも、曖昧《あいまい》なガバナンス構造に批判を強める日産の株主にも与《くみ》しなかった。

資本面では親子関係にあっても、アライアンスの精神では対等の関係を維持させることが大きなシナジーを生み出し、連合の競争力を高めるというのが、ゴーンの論理である。

だが、ゴーンの本音は、そんなきれいごとではなかった。ルノーの大株主である仏政府に対抗するカードとして日産を盾《たて》にしたのだ。ゴーンは自らの権力を維持するため、日産を仏政府からの圧力を食い止める防波堤として使ったのである。

ゴーンの権力の源泉であるアライアンスを突き崩す動きがあった。ことの発端は、国内の産業を守る目的として、仏政府が2014年にフロランジュ法を制定したことだ。

フロランジュ法は、2年以上株式を持つ株主に1株当たり2票の議決権を与えることを認めている。この法律は、鉄鋼大手アルセロール・ミタル（ルクセンブルク）が仏北東部のフロランジュ製鉄所を閉鎖したときの失業問題で、仏政府が批判を受けたことからつくられた。

フランスは他の欧州連合（ＥＵ）加盟国より失業率が高く、景気回復が遅れていた。仏政府は、この法律を企業に雇用維持を求める切り札として使うことにした。ルノーの株式を買い増し、国内雇用に影響をおよぼす案件に対し拒否権を発動するなど発言力を増した。ゴーンは当時の経済・産業・デジタル相であったマクロン（現・大統領）と激しいバトルを演じた。マクロンはゴーンの高額役員報酬批判の急先鋒《きゅうせんぽう》だったことでも知られる。

仏政府のルノーへの介入が、日産の主権や独立を脅かし、不利益を生み出しかねない事態となった。このとき、日産の会長兼ＣＥＯのゴーンは、日産の経営陣と足並みを揃えて、仏政府と対《たい》峙《じ》した。

ゴーンは『履歴書』にこう書く。

〈私はルノーのＣＥＯ（最高経営責任者）であり、日産のＣＥＯでもある。複雑だった。ルノーの取締役会では利益相反を防ぐため、この問題を話す時は議長を外れた。日産の主張はルノー取締役でもある西川広人さん（現日産共同ＣＥＯ）に代弁してもらったこともある。

だが、固い信念があった。「フランスの出来事は日産に何ら影響を与えてはならない」というものだ。17年かけて築いた日産・ルノーのアライアンスそのものが揺らぐ懸念があった。

最後は、仏政府の関与を限定する内容で合意に至ることができた。ルノーへの議決権を限られた案件に制限し、日産に関連する案件には議決権を持てない仕組みができた。日産には良い結論

だった。それはルノーとの信頼関係を発展させる上でもとても重要な出来事になった〉（注3）

日産自動車と仏ルノーは2015年12月12日、「仏政府が日産の経営に介入しないことになった」と発表した。仏政府は両社の統合を提案するなど、経営への関与を強める姿勢を見せ、両社（特に日産）と対立していた。仏政府とのあいだで、日産とルノーが経営の独立性を担保するとの確約を取りつけた。仏政府の議決権が制限され、ルノーは日産の経営に干渉しない方針を正式に認めるというものだった。

仏政府の影響力を阻止しようとしたマラソン交渉は8ヵ月かかったが、日産に有利な結果となった。

「これまで不文律だった経営の自立性が明文化されたことは、日産にとって大きな節目だ」

日産CEOのゴーンは、12月15日に開いた会見でこう述べた。

仏政府が日産の経営権を尊重することで合意したほか、仏政府がルノーを通じて日産の経営に介入した場合、日産はルノー株を買い増す権利を持つと明記した。現在、15％のルノー株を持つ日産が25％以上まで買い増せば、日本の会社法の規定でルノーが持つ日産株の議決権をなくすことができるため、経営干渉の抑止力につながる。

ゴーンは今回の交渉について、「非常にデリケートな議論だったが、当事者それぞれの共通の理解を得ることができた」と振り返った。

資本の論理ではルノーが日産に対する支配権を持つのに、業績ではルノーが日産におんぶにだっことという、いびつな関係にある。両社のトップをカルロス・ゴーンが兼務していたから、このときは波風が立たなかった、とゴーンは自負していたわけだ。

日産が「切り札」に使った会社法３０８条

交渉の過程では、仏政府の議決権を減らすために、ルノーが日産の株式の一部を手放すといった打開策が検討されたが、仏政府は受け入れなかった。

そのため、日産は強硬策をとる決断をした。２０１５年11月30日、臨時の取締役会を開き、仏政府がルノーを通じて日産の経営に介入しないよう書面で約束することや、事前の了解なしに日産がルノーの株式を追加取得できないという契約の見直しを求める提案を決めた。

あわせて、この提案が認められない場合には提携契約を破棄して、日産のルノーに対する出資比率を25％以上へと引き上げることも検討するとした。

日産が目をつけたのは会社法３０８条だ。

日本の会社法３０８条は、株主間の不公平な経済活動を制限するためのもので「25％ルール」と呼ばれる。

日本経済新聞は「切り札」と評した逆転策をこう解説した。

〈日産によるルノーへの15％の出資は仏会社法によって議決権はないが、３０８条には外国の法令によって議決権行使できない株式を含むという施行規則がある。この規則によれば、日産がル

ノー株を買い増せばルノーに議決権が無くなり、経営への介入を遮断《しゃだん》できる〉（日本経済新聞2015年12月13日付朝刊）

しかし、ルノーとの提携契約を破棄すれば、両社の関係に決定的にヒビが入る。日産の要求は両刃の剣《つるぎ》だった。

日産には、もともとルノーへの議決権がないため、日産がルノー株を25％以上まで買い増すと、双方に議決権がないという異常事態に陥る。これは仏国内の雇用を守るという観点からみても得策ではない、と判断した仏政府が矛《ほこ》を収めた。

これからは、日産の経営の自主性が脅かされるような事態があれば、日産は断りなしにルノーへの出資比率を引き上げる権利を持つことを意味する。

仏政府との交渉をまとめた立て役者が、日産の副会長兼ＣＯＯだった西川廣人である。彼はルノーの取締役を兼務していた。

ゴーンは〝鬼門〟である仏政府と粘り強く交渉した西川を買って、後継者に据えた。西川は２０１６年11月、共同最高経営責任者（ＣＥＯ）、副会長に就いた。５ヵ月後の２０１７年４月、会長兼社長兼ＣＥＯのカルロス・ゴーンが社長とＣＥＯ職を退き、西川廣人が後任の社長兼ＣＥＯに就任した。

「ＥＶでは日産がリーダーになる」

「ハイブリッド車（ＨＶ）のリーダーはトヨタ自動車だが、電気自動車（ＥＶ）では日産自動車がリーダーになる」

カルロス・ゴーンは、２０１１年正月の新聞各紙の新春インタビューで大見得《おおみえ》を切った。日産・仏ルノー連合は、ＥＶを次世代のエコカーの主役と位置づけていた。ＥＶは累計投資額が４０００億円超という、文字どおり、社運を懸けたプロジェクトなのである。

日産は２０１０年12月20日に、電気自動車「リーフ」の国内販売をはじめた。

ハイブリッド車には、エンジンがあり、ガソリンが必要だ。対してＥＶ車は走行時に石油燃料ゼロ、CO_2ゼロ、騒音なしの、究極のエコカーとされる。トヨタ、ホンダが２０１２年をメドに参入を発表するなど、ライバルのＥＶ戦略も少しずつ、具体的なかたちになってきた。だから日産は先手を打って、いち早く量産に乗り出したのである。

「リーフ」だけで年産25万台、仏ルノーと合わせてＥＶ車全体で年50万台体制を目指す。５人乗りの乗用車タイプのＥＶを量産するのは、日産が世界で最初だ。２０１６年までに全世界で１５０万台のリーフを売ると、ゴーンはこの２０１１年の正月に宣言した。

「リーフ」の価格は３７６万円と小型車としては高額だが、政府からの補助金78万円を差し引くと、２９８万円まで下がった。ガソリンの代わりに、充電した電池で走る。充電の際には車輌のフロント部分にある充電用コネクターと家庭の電源を専用のケーブルでつなぐ。エアコンなどで使う200Vの電源なら充電が終わるのに8時間かかった。

日産がEVの世界販売で先陣を切るのは、HVでトヨタとホンダの独走を許したからだ。EVは巻き返しを図る最大の切り札なのだ。

満を持して投入したEVは、他社より2〜3年先行した。「EVでは日産がリーダーになる」。このときのゴーンの発言は自信の表れである。しかしながら、現実は厳しかった。日産のEVはゴーンが目標とした5分の1の実績も挙げなかった。

電気自動車王の野望

ゴーンにとって、自動車市場での覇権獲得のラストチャンスがEVだった。

会社の存続すら危ぶまれた日産を買収した仏ルノーが、コストカッターの異名を持つゴーンを日産に送り込んだのは1999年6月。百戦錬磨の経営者である彼は、短期間で日産を再建させた。V字回復を実現して、ベスト経営者との賛辞に包まれた。

それから10年以上が経過し、ゴーンの神通力の賞味期限が切れた。トップとしての最大の失敗は、仏ルノーへの配当を最優先させ、新車の開発費を削ったことだ。エコカー戦略で出遅れたのは当然の帰結だった。社長のゴーンの鶴の一声で、金食い虫だったガソリンと電池を併用するハイブリッド車の開発を中止した。これがたたり、トヨタの「プリウス」、ホンダの「インサイト」のＨＶ戦争を、指をくわえて眺めているしかなかった。

２００９年6月の日産の株主総会で、「ハイブリッドなどの環境対応車の開発がトヨタやホンダに比べて遅れている」と批判された。経営責任の追及に、ゴーンはブチ切れた。「ほかの経営陣のほうが業績を上げられるというのであれば、再任に反対すればいい」と開き直る一幕もあった。恒例となっていた総会終了後のゴーンと株主たちとの懇談会は中止となった。

２００９年の暦年（1～12月）の国内の新車販売台数（軽自動車含む）で、日産は2ケタ減少の59万台だった。トヨタ（１３７万台）、ホンダ（62万台）と一段と差がついた。軽自動車のスズキ（61万台）にも抜かれ、ダイハツ（59万台）に並ばれた。５位転落は時間の問題で、ゴーンは窮地《きゅうち》に立たされた。

しかし、ここで、ゴーンにまたまた神風が吹いた。

２００９年1月、米国でバラク・オバマ大統領が誕生した。低炭素社会の実現を目指す「グリーン・ニューディール」政策に基づき、電気自動車など環境対応車や電池などを開発・製造する会社を対象に、総額２５０億ドル（約2兆３５００億円）の資金が用意された。

日産は米メーカー以外で初の適用を受けた。約16億ドル（約１５００億円）の低利融資を得た日産は、米国でＥＶ用充電池を製造する施設の建設に充当した。

ゴーンはＥＶという逆襲のカードを手にした。パフォーマンスが達者なゴーンは、「電気自動車で世界シェアの50％を狙う」と大風呂敷を広げた。ＥＶによる世界制覇の野望に火がついた。

「T型フォード」で自動車の大衆化をもたらしたヘンリー・フォードが「自動車王」と呼ばれたように、カルロス・ゴーンは「電気自動車王」として歴史に名を刻みたいという野望に向かって走り出した。

独ダイムラーとEV提携

2010年4月8日、日産＝仏ルノー連合と独ダイムラーは包括的な資本・業務提携で合意した。主導したのは、ルノー会長を兼務するゴーンだった。

「資本の持ち合いは結婚指輪の交換みたいなもの。長期的な関係を築こうとするならば意味がある」

株式の持ち合いにまで踏み込むことには慎重だったとされるダイムラーのディーター・ツェッチェ社長を、こう言ってゴーンは説得したという。3・1％ずつ相互に出資する「ゆるやかな持ち合い」が実現した。

しかし、大衆車が中心の日産にとって、大型の高級車が得意なダイムラーとはマーケットが違うわけで、「シナジー（相乗）効果が出にくい」と指摘する声が多かった。

ゴーンはダイムラーとの提携で、何を狙ったのか。

「電気自動車普及のカギを握る充電の方式（規格）で、主導権を握ることだった」（外資系証券会社の自動車担当のアナリスト）

急速充電方式をめぐり、日米欧の主導権争いが激化していた。日本では、東京電力が開発した技術を国際標準規格として、全世界に広げることを狙った協議会が2010年3月に発足した。参加している自動車メーカーには温度差があった。日産は「日本規格が世界標準になれるチャンス」と判断した。一方、トヨタは「規格の標準化は難しい」と半身の構えだった。日産が積極派、トヨタが消極派と色分けされた。

欧州では独ダイムラーが中心になり、早くも国際標準化機構（ISO）に規格統一を働きかけていた。ダイムラーには中国のリチウムイオン電池大手、BYD（比亜迪）とEVを共同開発するプランがあった。

「ゴーンはダイムラーと手を組むことによって、日欧中・三極連合を形成して、EV市場で主導権を握る狙いがあった。規格の国際標準化はハイブリッド車で先行するトヨタの競争力を相対的に低下させ、（日産が）一気に差を縮めるチャンスが生まれる。ルノー、日産、ダイムラーの3社連合は、規格の標準化という思惑で一致した」（前出の証券アナリスト）

日産は打倒トヨタであり、ダイムラーは打倒フォルクスワーゲン（VW）だった。

ゴーンは経営が破綻し、再建途上にある米GMとの提携にも前向きだった。2010年秋、仏有力紙ルモンドのインタビューで、ゴーンは「GMと接近するという選択肢は残っている」と語った。GMを諦めておらず、GMとのEV提携を視野に入れていたことはいうまでもない。

2010年（暦年）のグループ別の世界販売台数は、独VW＝スズキ（当時、スズキはVWと資本・業務提携していたが、その後破談した）連合が1003万台でトップ。2位がトヨタ（ダイハツ工業、日野自動車含む）の841万台、3位がGMの838万台。仏ルノー＝日産連合は727万台で第4位だった。

ルノー＝日産連合がGMと組めば1500万台超となり、一躍トップに躍り出る。EVで圧倒的に優位に立つことは明らかだ。

日米欧中のEV連合で主導権を握り、「電気自動車王」となること。ゴーンが胸に秘めた最終ゴールだったかもしれない。

ゴーンはEVが「10年後には世界の自動車販売台数の10％になる」と見ていた。だが、独ダイムラーのディーター・ツェッチェ社長は、EVをオバマ米大統領になぞらえ、「過度の期待を抱かないように」と戒《いまし》めた。オバマ大統領は就任当時の期待が大きすぎて、失望を招く結果になったが、ツェッチェは「10年後も自動車市場に占めるEV車のシェアは数パーセントにとどまる公算が大きい」とクギを刺した。

燃費不正問題に揺れる三菱自動車を買収

「三菱自動車がアライアンスファミリーの新たな一員となる。信頼を回復し新たなビジネスチャンスをつかむ」。日産のカルロス・ゴーン社長は2016年5月12日、高らかに、こう宣言した。日産と三菱自動車（以下、三菱自）が資本提携したことを発表した記者会見の席上である。

三菱グループの会社だった三菱自は日産の傘下に入った。日本最強の企業集団といわれたスリーダイヤの凋落を象徴する出来事であった。

日産は２０１６年10月20日、三菱自に２３７０億円を出資。発行済み株式の34％を取得し、筆頭株主となった。

三菱自は同年12月14日、臨時株主総会を開催。新たな経営体制が発足し、カルロス・ゴーンが会長に就いた。三菱自の益子修《ますこおさむ》会長兼社長は社長職に専念する。日産で世界６地域を統括するトレバー・マンが三菱自の最高執行責任者（ＣＯＯ）に就任した。

益子は日産からの出資受け入れを機に退任する意向を示していたが、ゴーンは会見で、「私が慰留した。日産出身でない益子氏がリーダーであることは強いメッセージになる」と強調した。

三菱自の２０１６年４～９月期の連結決算は、軽自動車４車種の燃費データ改竄《かいざん》という燃費不正問題に関連して１６６２億円の特別損失を計上し、最終損益が２１９５億円の赤字（前年同期は５２０億円の黒字）となった。燃費不正の対象となった自動車の購入客や、軽自動車を供給している日産自動車など取引先への補償が膨らんだ。

国内販売の不振に加え、円高で３３９億円の利益押し下げ要因が発生。リコール費用を６６０億円引き当てたことも響き、営業損益は３１６億円の赤字（同５８４億円の黒字）に沈んだ。

「私どもでは信頼を取り戻すのは困難」（三菱自の益子会長）として日産の軍門に下った。

狙いは三菱商事の海外販売網

三菱自は2016年8月2日、燃費不正問題を受けて設置した特別調査委員会（委員長・渡辺恵一元東京高検検事長）が提出した報告書を公表した。

2005年、燃費測定方法が法規に従っていないとの指摘を当時の新入社員から受けたが、三菱自は改めなかった。自浄作用が働かない体質が浮き彫りになった。「すべての根源は会社が一体となって自動車を造り、売るという意識が欠如していたこと」（委員の坂田吉郎弁護士）との厳しい指摘がなされた。

三菱自は不祥事を何度もくり返してきた。2000年のリコール隠し、2002年のトラックタイヤ脱輪による母子3人死傷事故、2004年にも再びリコール隠しが発覚した。

そんな三菱自を、なぜゴーンは買収したのか。共同開発の軽自動車は、日産の国内販売の4分の1を占める。水島製作所の軽自動車の生産は日産への供給分が過半を占めている。三菱自が破綻する事態になれば、日産のダメージは深刻なものとなる。そのため、三菱自からOEM供給を受けていた軽自動車（の生産拠点）を獲得することを狙って救済に乗り出したという見方が一般的だ。

だが、狙いは別にあった。三菱商事の東南アジアにおける三菱車の販売網に、日産の車を乗せることだった。世界販売1000万台を目標とするゴーンにとって、三菱商事の販売網は喉から手が出るほど欲しかった。日産は東南アジアの販売網が手薄だったから余計、魅力的に映ったのかもしれない。

「将を射んと欲すればまず馬を射よ」。ゴーンは、三菱商事とのパイプをつなぐために三菱自を買収したのである。

世界販売台数トップに駆け上がる

「不幸な（燃費不正）問題をきっかけにチャンスがきた」

日産が三菱自に出資を発表した会見の席で、ゴーンは、不祥事をくり返した三菱自を傘下に収める不安よりも、事業拡大の絶好のチャンスと言い切った。

2017年上期（1～6月期）の世界新車販売台数で、日産・ルノー連合が初めて首位に躍り出た。三菱自を傘下に収めた大胆な買収戦略が、トヨタ自動車と独フォルクスワーゲン（VW）を一気に抜き去り、世界の頂点にまで上り詰める原動力となった。

ゴーンの野望は、年間を通して世界首位の座を不動にすることだった。

2018年（暦年）の世界販売台数は、VWが3年連続で首位となった。17年比0・9％増の1083万台で過去最高を更新した。最多のシェアを持つ中国では、米中貿易摩擦で市場が冷え込むなかで420万台（0・5％増）を販売し、トップへの原動力となった。

日産3社連合は同1・4％増の1075万台となり、2位をキープした。日産は、米国での不振が響いて565万台（3％減）と、前年までの8年連続過去最高が途絶えた。ルノーは388万台（3％増）、三菱自は強みの東南アジアで伸ばし、121万台（18％増）と全体の数字の押し上げに貢献した。

トヨタ自動車は2％増の1059万台だった。

現場にはびこる不正

規模を追い求めるゴーンの掛け声とは裏腹に、社内はガタがきていた。

日産の出荷前の完成車検査で新たに不正が見つかったことが2018年12月、ゴーンの逮捕後に明らかになった。前年9月からつづく不正の発覚は、今回で4回目。全車に実施するブレーキ検査などの一部が不適切な手法でなされており、「ノート」「マーチ」など11車種、約15万台のリコールを届け出た。ゴーン逮捕前の17年秋からの検査不正によるリコール対象台数は約130万台に上った。

日産は完成車検査で不正が後を絶たない。17年9月に資格を持たない従業員が完成車の検査をしていたことが発覚した。18年7月には一部の完成車を対象にした抜き取り検査で、排ガス・燃費データの改竄や不適切な条件での試験が見つかった。9月にもすべての新車を対象にした検査で、決められた試験を省いたことなどが明らかになった。

18年9月26日、再発防止策を盛り込んだ「最終報告書」を公表。山内康裕執行役員が「膿は出し切った」と一連の不正の終結を宣言していた。にもかかわらず、今回4度目の不正の発覚である。不正を絶てぬガバナンスが厳しく問われた。

日産の一連の不正はゴーンが最高経営責任者（ＣＥＯ）を務めていた時代から連綿とつづいていた。

２００1年にＣＥＯに就いたゴーンは、大規模なリストラで業績をV字回復させたが、その後の急激なコスト削減で現場に従業員不足などのひずみが生じ、生産現場が荒廃したとの指摘もある。

18年9月末に弁護士事務所がまとめた報告書では、「効率性やコスト削減に力点を置くあまり、検査員を十分に配置せず技術員も減らした」とし、「日産の工場は２０００年代以降、不適切な検査が常態化していた」とした。最終報告書は「切り捨ててはいけないものまで切り捨てた」と断じていた。

日産の顔は依然としてカルロス・ゴーンであった。ＣＥＯ職は社長の西川に譲ったが、ゴーンが日産の事実上のトップだ。

２０１8年の株主総会では、無資格検査問題でゴーンの公式・非公式いずれの謝罪もないことに対して、彼に真意をただす株主の質問があった。ゴーンは「日産のボスは西川社長だ。ボスの責任を尊重しなければならない。責任逃れではない」とし、決して謝罪しなかった。

データ改竄や不正が次々と明らかになった神戸製鋼所、三菱マテリアル、ＳＵＢＡＲＵはトップが引責辞任した。東レは子会社の社長が辞めている。日産だけが、トップの責任を明確にしなかった。

株主から新車の無資格検査問題に関して厳しい質問が出たが、西川廣人社長は「心配を掛け、大変申し訳なく思う」と謝罪しただけ。自らの責任には言及しなかった。役員報酬の一部を返納済みとしたが、いくら返納したかも明らかにしていない。

西川の２０１７年度役員報酬は前年度比26％増の４億９９００万円。ゴーンは表の報酬では33％減の７億３５００万円。だが、ゴーンは表の報酬だけで日産・ルノー・三菱自動車の３社から合計で19億７０００万円の役員報酬を得ていた。

日本にほとんどいないゴーンが日産から７億３５００万円、三菱自から２億２７００万円を得た。２社から９億６２００万円を得た計算。「日産からの７億３５００万円は、勤務実態からみて、日割り計算で実質的に最高の役員報酬ではないか」（自動車担当のアナリスト）

無資格検査問題で、逮捕前にも逮捕後も絶対に謝罪しなかったゴーンの姿勢に、日本のマーケット軽視を感じたのは筆者だけではあるまい。

北米で大きく落ち込む

日産の2018年4～9月期の連結決算の売上高は前年同期比2・1％減の5兆5327億円、営業利益は同25・4％減の2103億円、純利益は同10・9％減の2462億円と減収・減益決算となった。

世界販売台数は5万台減の268万台だった。北米（米国、カナダ、メキシコ）が9万台減（9・0％減）の94万台と100万台を割った。欧州は4万台減（12・1％減）の33万台と大きく落ち込んだ。

日本は28万台と横這い。中国は6万台増（10・7％増）の72万台と増加したが、北米・欧州での不振を補えなかった。

中国の販売台数が米国を上回った。中国が72万台なのに対して米国は70万台で逆転した。前年同期は中国が65万台、米国が77万台だった。年間を通しては18年3月期決算で、中国がナンバーワン市場だったが、今回、中間決算でも逆転した。

お膝元の日本で日産は振るわない。日本自動車販売協会連合会（自販連）と全国軽自動車協会連合会（全軽自協）がまとめた2018年の国内新車販売台数（軽自動車含む）は前年比0・7％増の527万台だ。

ブランド別順位では変動はなかった。トヨタ（150万台）、ホンダ（74万台）、スズキ（71万台）、ダイハツ（64万台）、日産（61万台）の順。日産は5位が定位置となり、国内での存在感は、年々、薄れてきた。三菱自（10万台）は8位。日産と三菱自を合わせて、やっとスズキと肩を並べる。トヨタと覇を争っていた頃の栄光は遠い昔となった。

中国への一極集中をより鮮明にしている。中国での2018年の新車販売台数は17年比2・9％増の156万台。景気減速で中国全体の18年の新車販売は17年の実績を下回るなか、多目的スポーツ車（SUV）の好調が牽引し過去最高の販売を更新した。

だが、中国市場でも2018年9月から4ヵ月連続で前の年の実績を割り込んだ。米中貿易戦争の激化で、中国経済の悪化は避けられない。日産は2019年も中国での販売で好調を持続できるのだろうか。国内に目を転じると日産の乗用車の販売は、ボーナス月の12月に前年同月比10・2％減の1万9777台になった。ゴーン逮捕が販売に影を落としはじめた。

ゴーンの逮捕後、初となる決算では世界販売の失速が浮き彫りになった。

日産は2019年3月期の連結決算予想を下方修正した。売上高は11兆6000億円（従来予想12兆円）、営業利益は4500億円（同5400億円）、最終利益は4100億円（同5000億円）に引き下げた。最終利益は前期（18年3月期）比45・1％減とほぼ半減する。ゴーン時代の拡大路線との決別を西川廣人社長は数字で示した。

米中の二大市場で苦戦し、通期の世界販売見通しを32万5000台減の560万台に引き下げた。特に深刻なのは米国で、18年10～12月期まで４四半期連続で前年同期比マイナスとなり１４５万台（同１５５万台）に減少する。米国が中心の北米地域の営業利益は２０１８年４～12月期には３年前の直近ピークから６割も減った。

また、カルロス・ゴーン被告の不正に関連し、有価証券報告書に記載していなかった92億３２００万円の役員報酬を18年４～12月決算に一括して費用として計上した。西川は「大きな責任を感じている。支払いをするという結論に至るとは思っていない」と述べた。支払わない根拠は明言しなかったが、日産は会社に損害を与えたとしてゴーンに賠償請求をする方針で、報酬分と相殺する可能性がある。

世界の自動車市場は米ＧＭが２００７年まで77年間、販売首位に君臨してきた。リーマンショックが起こった２００８年にトヨタが首位の座を奪った。近年はトヨタとＶＷが１０００万台前後で首位を競ってきた。両社の覇権争いに、日産・ルノー・三菱自の３社連合が殴り込んだ。

ＧＭは欧州事業を仏のグループＰＳＡ（旧ＰＳＡ・プジョーシトロエン）に売却するなど収益重視へと戦略を転換した。トヨタも２００９～10年の米国での品質問題を教訓に、「前年を超える成長は必要だが、規模は追わない」方針を示した。

世界販売台数という規模の競争では、ＶＷと日産・ルノー、三菱自の３社連合のガチンコ勝負の様相を呈している。主戦場は、ＶＷと日産がともに得意とする中国市場である。

カルロス・ゴーンは、「世界の電気自動車王」という野望の達成を目の前にした2018年末逮捕され、その野望は掌《てのひら》からこぼれ落ちた。

ルノーCEO続投の条件は「日産を完全に支配せよ」

日産は仏ルノーから経営権を奪還することを悲願としてきた。

2017年、3社の世界販売台数は1060万台となり、初めて1000万台の大台に乗せた。首位の独フォルクスワーゲンにはおよばなかったが、トヨタ自動車グループを抜いて世界2位に上りつめた。日産が581万台、仏ルノーが376万台、三菱自が103万台。業績面で日産がルノーを大きく上回り、資本関係とは真逆の関係にある。ルノーは日産へ43・4%出資し議決権を持つのに対し、日産のルノーへの出資は15%にとどまり、議決権もない。こうした「不平等条約の改正」が最大の課題だ。

ところが、不平等条約の改正どころか、日産がルノーに呑み込まれかねない事態となってきた。風雲急を告げたのは2018年に入ってから。

仏ルノーは2018年2月15日、カルロス・ゴーンがCEOを続投すると発表した。筆頭株主である仏政府が、ゴーンがあと4年CEOを延長することを認めたからだ。一時は、「CEO退任」が有力視されていたが、ゴーンがマクロン仏大統領に大幅に譲歩した、と現地では解説された。

エマニュエル・マクロン仏大統領は２０１７年５月に就任した。マクロンは大統領就任式にルノーの車で駆けつけたというエピソードがある。歴代大統領はプジョーのクルマを使ってきたが、マクロンは新味を出すためにルノーを選んだ。マクロンは、先述したフロランジュ法の導入でゴーンと激しく対立し、ゴーンの〝天敵〟といえる存在であった。

そのマクロンが仏大統領に就任したことから、ゴーンは窮地に立たされた。ルノーの筆頭株主である仏政府の発言力は絶大だ。２０１８年６月に開かれるルノーの株主総会で、ゴーンはＣＥＯを更迭されるとの観測が浮上していた。

ところが、仏政府は一転、ゴーンのＣＥＯ職の4年の延長を認めた。ゴーンはマクロン大統領に、どのような〝マジック〟を使って手打ちをしたのか。

ゴーンは、ルノーＣＥＯ続投の人事案の決定にあたり、マクロン大統領が批判の槍玉に上げる報酬の３割減額に応じて〝恭順〟の意を示した。ゴーンの７００万ユーロ（約9億円）に上る高額報酬は仏国民のあいだで批判が高まっていた。ルノーの株主総会でも毎年、「高すぎる」との発言がくり返されていた。

仏政府が、ゴーン続投に同意する条件として、ルノー、日産、三菱自動車の３社連合の「深化」を求めた。発表文には「企業連合を不可逆的なものにするために確実な歩みを進める」となっていた。

「深化」とは何か。不可逆的なものとは。その実態がやがて明らかにになる。

2018年3月1日、ルノーと日産は、両社の研究開発や購買など主要部門の機能統合を拡大すると発表した。次世代技術や新サービスの開発も対象に加え、人材や技術など経営資源をより効率的に一体運用する。三菱自動車もこのアライアンスに加える。

ルノーと日産はすでに研究開発、生産技術・物流、購買、人事の4つで一体運営を進めており、今後は販売や間接部門を除いたおもな機能の大半を一体化することになる。不可逆的な関係の構築への布石といえる。

ゴーンはテレビ会議方式で日本のおもな媒体《ばいたい》の取材に応じ、「日産、ルノー、三菱自との資本関係の再構築」を示唆《しさ》した。

3月29日付のブルームバーグ通信は、「日産・仏ルノー連合は解消され、単一の法人となる。両社の会長を務めるカルロス・ゴーン氏が統合後の新会社を率いる。(中略)ルノーの株主が新会社の株式を受け取り、日産自の株主も持ち株を新会社の株式と交換する合併案が検討されている」と報じた。

ルノーが株式交換方式で日産を経営統合、完全子会社にする(=完全に支配する)という内容だ。

日産の存亡にかかわる重大問題にもかかわらず、この報道は、日本ではほとんど伝えられなかった。日産の渉外・広報を担当する役員が火消しに回ったからだといわれている。日本の経済ジャーナリズムの体たらくぶりは今さらはじまったことではないが、このときは、特にひどかった。マクロン大統領は、ルノーが買収する日産をフランス籍の企業にして、フランス国内に日産の自動車工場を建設して雇用を増やすことを、最終目的としていた。

6月26日、横浜市のパシフィコ横浜国立国際会議場で開催された日産の株主総会で、議長役のゴーンは「アライアンスの持続可能性を担保する手段は複数考えられるが、会長として日産の業績向上と株主の利益を守ると約束する」と〝日本向け〟のコメントをした。

これに先立つ6月22日、三菱自動車の株主総会でもゴーンが議長を務め、「日産や三菱自がルノーの完全子会社になる可能性はゼロだ」と述べた。

ルノーの株主総会（ここでも議長）や外国のプレスに語った、統合を強調した内容とはかなりニュアンスが違う。ゴーンは政治家である。日本経済新聞（6月27日付朝刊）は〈ゴーン氏、株主に『三方美人』〉の見出しを掲げた。

CEO職は西川社長に譲ったが、逮捕されて会長を解任されるまではゴーンが日産の事実上のトップであった。仏政府の意向に沿って日産をルノーに献上しようとしているゴーンは、この段階で明らかに日産の役員として利益相反の罪を犯していた。

「ルノーが日産を呑み込む」がクーデターの引き金

これに日産は猛反発した。会長のゴーンとミニ・ゴーンと呼ばれる社長の西川の亀裂が一気に深まった。

「ルノーが日産を呑み込む」

ブルームバーグ通信（2018年5月23日付）は、「日産の西川社長は、合併の必要性には懐疑的な姿勢を公《おおやけ》にしている。ゴーン氏は日産側に『抵抗があるとは考えていない。パートナーとして取り組んでいこう』と呼び掛けた」と報じた。

ゴーン、西川の両者が和解することはなかった。ゴーンは合併に向けて具体的に動き出した。

2017年9月の無資格検査問題が発覚したとき、それを理由に合併反対派の西川を解任し、合併賛成派を社長に据えるとの噂が社内外で飛び交った。後任には、取締役の志賀俊之の名前が挙がった。ナンバー2のCOOを解任され、平取に降格になったが、西川と犬猿の仲の志賀は〝隠れゴーン派〟とみられていた。

英経済紙「フィナンシャル・タイムズ」電子版は、「日産・ルノーの統合を計画していたゴーン氏」と報じた。提携している「日本経済新聞」電子版が日本語訳を転載した。

〈カルロス・ゴーン氏は（11月）19日に東京で逮捕される前、仏ルノーと日産自動車の経営統合を計画していた。日産の取締役会は反対し、阻止する方策を模索していた。

日産の取締役会に近い筋によると、数人の役員が数ヵ月先に統合提案があるものとみていた。別の消息筋は「数ヵ月以内」に統合する流れだったと話した。別の関係者は（統合は）前向きに検討されていたと話す〉（「日本経済新聞」電子版２０１８年11月21日付）

日産社内では統合派のゴーンと、統合反対派の西川の対立が先鋭化した。会長のゴーンによる社長の西川解任計画が進んでいた。ルノーが日産を完全支配するには、統合反対を公言している西川を解任して、統合賛成派を日産のトップに据える必要があった。

ゴーンは逮捕前に、西川廣人社長兼ＣＥＯの更迭を計画していた、と米紙「ウォール・ストリート・ジャーナル」（２０１８年12月９日付）が報じている。

〈周囲には11月下旬に予定されていた取締役会で社長交代を提案する意向を示していた〉

解任計画を事前に察知した社長の西川は、自らの社長の地位を守るために、検察の力を借りて、会長のゴーンを追放するクーデターを敢行した。日産は内部告発を受けて数ヵ月におよぶ内部調査をしていた。西川を含め４人の幹部だけで情報を共有した。

「西川社長らが出した結論は、『刑事処罰を受けさせないとゴーン追放は不可能』というものだった。伝手《つて》をたどって、東京地検特捜部にたどりついた」（全国紙の司法担当記者）

西川らクーデター派はイエスマンたちの集まりだ。ゴーンに一喝されたら何も言えない。そこで、特捜部の力を借りて、ゴーン追放のクーデターを起こした。「司法取引」をやりたかった特捜部は、日産が持ち込んだ計画に加担したという構図だ。

今回の事件は、ルノーによる日産の統合計画を阻止することを狙った、ゴーン追い落としのクーデターである。日産のお家芸である社内の権力闘争だが、検察の手を借りて、ゴーンを追放しようとしたところに特異さがある。

「トップの不祥事なのだから、本来は社内で調査して、ゴーンを解任してから司法に告訴・告発するのが筋だ。ところが、西川はゴーンにモノが言えないので、検察の力に頼った。民間企業に国家権力の介入を許す前例をつくった」(ライバルの大手自動車トップ)とすこぶる評判は悪い。

フランスの日曜紙ジュルナル・デュ・ディマンシュ(2019年2月10日付)は、カルロス・ゴーンが起訴された事件をめぐり、ルノー側が日産の内部調査の手法を問題視し、「検察の手先になっている」と書簡で非難していた、と報じた。

書簡はルノーの弁護士から日産の弁護士に1月19日付で送付したという。

2018年12月半ばから19年1月初の間に交わされたメールで、日産の内部調査に関わる社員が、以前日産で勤務したルノー社員に「捜査であなたの名前が出た。検察はあなたと話したがっている。東京への旅費はこちら(日産)で負担する」と事情聴取に応じるよう、再三要請したことについて「ルノーの許可なく社員に直接連絡を取ることはルールに反する」とルノー側の弁護士が日産に抗議したという内容だ。ルノー・日産BVからのルノー幹部への報酬を日産が独自に調査したことへも、ルノー側は不満を示した。

融和はフィクション。明らかに対立している事実を仏紙は伝えた。

第5章　日産よ何処へ行く

羽田空港で身柄確保

２０１８年11月19日午後４時35分、機体番号「Ｎ１５５ＡＮ」のビジネスジェット機が羽田空港に着陸した。遠くから見ると、「ＮＩＳＳＡＮ」と機体番号が読める。日産が７億円で購入した、世界中を飛び回っているカルロス・ゴーンだけが使う専用機だ。ビジネスジェット用専用駐機場に入ると、タラップが下ろされた。

ワゴン車からスーツ姿の東京地検特捜部の係官たちが機内に足を踏み入れた。午後７時45分、タラップ下に止まっていた３台の車が走り出した。

その一部始終を、朝日新聞の記者が動画で撮影していた。

飛行機着陸直後に、ゴーンの関係先の捜索が次々とはじまった。午後５時前、横浜市西区の日産自動車グローバル本社に特捜部の男性係官10人超が姿を現した。午後５時10分頃、ゴーンの自宅がある東京都港区元麻布の高級マンションに男女係官４人が到着した。どちらにも朝日の記者が張り込んでいた。

ゴーンの身柄が拘束されたことをつかみ、午後５時44分、ニュースサイト「朝日新聞デジタル」は、「ゴーンの任意の事情聴取が始まった」と世界に先駆けて第一報を流した。さらに、午後６時10分、ゴーン逮捕の速報を配信した。

スクープ動画が、〝ゴーン・ショック〟のはじまりとなった。他社はノーマークだった。検察に強い朝日がその後の報道もリードした。日産の社員は「朝日新聞デジタル」を転載したヤフーのニュースサイトで、衝撃的なニュースを知ることとなる。

カルロス・ゴーン逮捕

東京地検特捜部は11月19日夕、日産自動車のカルロス・ゴーン代表取締役会長とグレッグ・ケリー代表取締役を金融商品取引法違反（有価証券報告書の虚偽記載）の疑いで逮捕した、と発表した。

特捜部の発表によると、会長のゴーンと代表取締役のケリーの２人は共謀のうえ、２０１１年３月期〜15年３月期の５年分の有価証券報告書に、実際は会長のゴーンの報酬が計98億５５００万円だったにもかかわらず、計49億８７００万円と記載し、48億６８００万円を過少記載した疑いである。

その後、直近の16年３月期から18年３月期までの３年間分の実際の報酬額は71億７４００万円だったが、記載分との差額42億７０００万円を未掲載にしていたことが判明（公表分は29億４００万円）。12月10日に５年分の過少記載で起訴し、直近３年分の未記載で再逮捕した。８年間の報酬額は１７０億２９００万円、先送りされた額は91億３８００万円に達した。

有価証券報告書の虚偽記載が長期にわたってつづいていたとして、特捜部は法人の責任を重視。日産自動車に、法人を罰する「両罰規定」を適用し、12月10日に起訴した。

【日産自動車の有価証券報告書に記載された、ゴーン会長の役員報酬の推移】

11年3月期　9億8200万円（実際は17億7700万円）
12年3月期　9億8700万円（同　18億9400万円）
13年3月期　9億8800万円（同　20億2500万円）
14年3月期　9億9500万円（同　19億4600万円）
15年3月期　10億3500万円（同　22億1300万円）
（同5年間で計98億5500万円）
16年3月期　10億7100万円
17年3月期　10億9800万円
18年3月期　7億3500万円（同3年間で71億7400万円）
（同8年間で170億2900万円）

18年3月期は、17年4月に社長兼最高経営責任者（CEO）を退き、会長のみとなったため、大きく報酬が減った、と公表されていた。

金融商品取引法は、有価証券報告書の重要事項について、虚偽の記載をした場合に刑事罰を科している。法定刑は10年以下の懲役か1000万円以下の罰金だ。法人も罰する両罰規定が適用されれば、法人にも7億円以下の罰金が科される。役員報酬が刑罰の対象となったのは初である。

社内調査と捜査が並行して進む

カルロス・ゴーンの逮捕を受けて、日産自動車は11月19日午後10時から、横浜市みなとみらい地区にあるグローバル本社で、緊急の記者会見を開いた。

会見には西川廣人《さいかわひろと》社長兼ＣＥＯのみが出席した。２０１７年４月、会長兼社長兼ＣＥＯのカルロス・ゴーンは社長とＣＥＯ職を退き、西川廣人が後任の社長兼ＣＥＯに就いた。ゴーンは代表権を持つ取締役会長を務めていた。

会見場には２００人以上の報道関係者が集まった。

朝日新聞（18年11月20日付朝刊）はこう報じた。

〈会見の冒頭、「（ゴーン会長）本人の主導によって重大な不正行為があった」と謝罪。20年近くにわたり経営中枢に君臨したカリスマ経営者について「あまりにも一人に権限が集中するのは問題だった」と反省の弁を口にした。

西川氏は内部通報をもとに日産の監査役が問題を提起し、社内調査を進める一方で検察当局にも報告したことを明らかにし、社内調査と「並行して捜査が進んできた」と述べた。

そのうえで、①ゴーン会長が実際よりも少ない役員報酬を有価証券報告書に記載していた②目的を偽って私的に日産の投資資金を流用していた③不正目的で日産の経費を支出していた――の３点を「重大な不正行為」に挙げた。グレッグ・ケリー代表取締役が不正に深く関与していることも分かったという。不正の期間は「長きにわたっていた」と述べたが、その詳細については「捜査中」を理由に明らかにしなかった。（中略）ケリー代表取締役はゴーン会長の側近で、「ゴーン氏の権力を背景に社内をコントロールしてきた」と説明〉

〈日産三菱・ルノー3社連合を率いるゴーン会長の逮捕について、西川氏は「特にルノーへの影響は大きいが、3社の業務運営面では大きな影響はない。混乱を収拾して、アライアンス（提携）に影響が出ないようにしたい」と述べた。カリスマ経営者への権限の集中が事件の背景にあるとして、2005年以降、「ルノーのトップが日産のトップを兼ね、極端に一個人に依存した」と言及。（中略）長期政権や権力集中の弊害を今後は「改めていく良い機会になる」とも指摘した。

西川氏は、ゴーン会長とともに日産の経営再建に傾注してきただけに、「残念という言葉を超えて強い憤りがあり、非常に落胆した」と口にした〉

西川が「カルロス・ゴーン」と呼び捨てにしたことが注目された。

総合商社のベテラン広報部長がこう言う。

「ゴーン逮捕の夜の西川さんの緊急記者会見は異様でした」

「CEOなのですから、まず日産のコーポレートガバナンスが不全だったことを株主、取引先、従業員に詫びるべきです。それをしていない」

「驚いたのはゴーン・チルドレンといわれている人が『カルロス・ゴーン』と呼び捨てにした。

違和感があった。東京地検特捜部の振りつけかと思わせるような、会見冒頭の発言でした。崇《あが》め奉っていた人を、呼び捨てにする。私にはできない芸当です」

西川の精神構造を解明するうえで重要なエピソードとなる。

臨時取締役会でゴーン会長を解任

11月22日午後４時半。横浜市にある日産自動車グローバル本社の22階建てビル最上階にある役員専用会議室（特別会議室）で、カルロス・ゴーン会長の解任を決める臨時取締役会が開かれた。取締役会は４時間近くにおよんだ。

【日産の取締役会の構成】

社長兼ＣＥＯ　西川廣人（65）
副社長　坂本《さかもと》秀行《ひでゆき》（62）
取締役　志賀《しが》俊之《としゆき》（65）　前日産副会長
取締役　ベルナール・レイ（72）　仏ルノー出身
社外取締役　ジャンバプティステ・ドゥザン（72）　仏ルノー出身
社外取締役　井原《いはら》慶子《けいこ》（45）　レーシングドライバー
社外取締役　豊田《とよだ》正和《まさかず》（69）　元経済産業審議官
〈逮捕され欠席〉

取締役　カルロス・ゴーン（64）　会長、仏ルノー出身
取締役　グレッグ・ケリー（62）　北米日産出身

臨時取締役会はゴーンの会長解任を全会一致で決めた。長時間におよんだ取締役会は、ゴーン容疑者の不正に関する内部調査の結果を、大株主の仏ルノー出身者のベルナール・レイ取締役とジャンバプティステ・ドゥザン社外取締役に伝える場となった。２人の取締役は、フランスから液晶モニターのビデオ中継で参加した。

朝日新聞（18年11月24日付朝刊）は、取締役会の内容を関係者の話として伝えた。

〈配られた社内調査の資料には、数十億円にのぼる海外の高級住宅の購入や、業務実態のないアドバイザー契約を結んだゴーン容疑者の姉に年10万ドル（約１１３０万円）前後を払っていたことなど、日産を「私物化」するような数々の不正の疑いが詳細に記されていた。

（中略）説明が終わった時には全員が言葉を失っていた。２人から不正の細かい事実関係を確認する質問がいくつか出たが、両容疑者を擁護《ようご》する発言はなかった。「画面に並ぶ２人の表情がどんどん観念していくように見えた」と関係者は明かす。

議論が終わると、ゴーン容疑者の会長解任、両容疑者の代表権を外すなどの提案について、項目ごとに一人ひとりに賛否を示すよう求めた。ルノー出身の１人が英語で「アグリー（同意する）」と答えたという。こうして全会一致で全項目が決議された〉

ただ、２人の取締役ポストは４月８日に開催される臨時株主総会まで維持される。

仏ルノー、日産自動車、三菱自動車の３社連合は、ルノーが日産株式の43・４％を保有し、議決権を持つ。一方、日産はルノーに15％出資しているが、持ち株に議決権はない。日産は三菱自に34％出資して傘下に組み入れている。

資本面では、ルノーが日産・三菱自を従える関係にある。３社の会長を兼ね、３社連合の扇の要《かなめ》の役割を果たしてきたのが、カルロス・ゴーン、その人だ。

ゴーンの処遇に対する３社の判断は大きく分かれた。

ルノーは11月20日に開いた取締役会で、ゴーンの会長兼ＣＥＯの解任を見送った。「推定無罪」ということである。日産の社内調査に関する情報をルノー側に示すように求めたが、日産は東京地検特捜部が捜査中であることを理由に拒《こば》んだ。ゴーンはひきつづきルノーのＣＥＯのまま。ティエリー・ボロレ最高執行責任者（ＣＯＯ）がＣＥＯ暫定《ざんてい》代行に就いた。

12月10日、ゴーンは起訴され被告となった。

三菱自動車は11月26日夕、臨時取締役会を開き、ゴーンの会長職を解き、代表権を外すことを全会一致で決めた。取締役のポストは19年６月の定時株主総会まで維持される。会長は次の株主総会までのあいだ、暫定的に益子修《ますこおさむ》・最高経営責任者（ＣＥＯ）が兼務する。

三菱自はゴーン会長を解任した理由として、①すでに日産の信認を失っている。②逮捕によって会長としての業務遂行が困難になった――ことを挙げた。

退任後に報酬を受け取る仕組みを構築

ゴーンと同時に逮捕された代表取締役のグレッグ・ケリーは、「側近中の側近」といわれている。1956年7月、米国生まれ。78年、オーガスタナ大学卒業、行政学学士取得。81年ロヨラ大学法学部卒業、法務博士号取得。同年、バーンズ&サンバーグ法律事務所の弁護士となる。88年3月、日産自動車の米国法人、北米日産の法務部の次席弁護士として入社。その後は人事畑を歩む。05年、北米日産のバイス・プレジデント（部長職に相当）、人事・組織開発担当。08年4月、日産自動車本体の執行役員に就任。代表取締役常務執行役員、同専務執行役員と昇進を重ね、日産・ルノーのアライアンスEVP（上級副社長）に就いた。

ゴーンを公私にわたってサポートする「CEO（最高経営責任者）オフィス」に長くつとめたことでゴーンの目に留まった。「CEOオフィス」は、今回の事件の鍵を握る伏魔殿だが、これについては後で述べる。

その功績で、ケリーは2012年、専務や副社長を差し置き、常務のまま日産本体の代表取締役に抜擢《ばってき》された。以来、ゴーンの「側近中の側近」と呼ばれることになる。2015年から代表取締役の肩書だけとなったが、ゴーンのアドバイス役に徹していたという。

ゴーンが役員報酬約50億円を有価証券報告書に記載しなかったとして逮捕された事件で、ともに逮捕された代表取締役のケリーは、ゴーンが退任後にこの50億円を受け取る仕組みづくりを主導していた。

〈退任後の報酬のためにゴーン前会長と日産が毎年交わしていた契約書には、報酬総額を約20億円と明記したうえで、開示してその年に受け取る約10億円と退任後に受け取る約10億円を分けて記載していたことも判明。前会長の直筆のサインもあった。

（中略）１億円以上の報酬を得た役員は、09年度の決算から名前と金額の個別開示が義務づけられた。関係者によると、このルールの導入前は、ゴーン前会長の報酬は約20億円だったが、ゴーン前会長は開示によって「高額だ」と批判を浴びるのを懸念《けねん》。表向きの報酬は約10億円になるよう、ケリー前代表取締役に対策を指示したという。

ケリー前代表取締役は、残りの約10億円は別の名目で毎年、蓄積して退任後に受け取れる様々な仕組みを構築。ゴーン前会長の退任後に、コンサルティング契約や、競合する会社を設立しないという契約を結ぶことなどを考えたという〉（朝日新聞18年11月25日付朝刊）

さらに、こうも報じられた。

〈直近の２０１７年度の報酬が、開示制度の導入後で最高の約25億円に上る疑いがあることが、関係者への取材でわかった。17年度の報告書で開示されたゴーン前会長の報酬は前年度比33％減の約７億３千万円。17年４月に社長兼最高経営責任者を退き、大幅に減額されたとされていた。（中略）日産は08年の株主総会で取締役の報酬総額の上限を29億９千万円と決めた。（中略）一方で17年度分は、報酬上限から、取締役の報酬総額の約15億円を引いた残額は約14億円。ゴーン前会長の実際の報酬は約25億円で、退任後分に回された差額は約17億円に膨らみ、上限を超える計算になる〉(同紙11月28日付朝刊)

無資格検査の不正が発覚した年の役員報酬が過去最高だったことが判明したわけだが、われわれには理解不能である。

驚くべきことだが、2通りの会長退任シナリオを想定し、報酬に関する覚書を作成していた。〈関係者によると、側近の前代表取締役グレッグ・ケリー容疑者は、前会長の退任後の処遇をめぐる「雇用契約書」の存在は認め、日産だけ辞めた時と、仏ルノーも合わせて辞めた時の2パターンで金額を算定し、自身が署名したと説明。現金のほか日産株の提供も考えていたという〉(同紙12月2日付朝刊)

日産、ルノーの会長を同時に退任したケースのほうが、日産会長を退任した場合より、他社に協力しないことへの「対価」が高額に設定されていたということだ。

作成された報酬一覧表にゴーン自身が修正を加えていた痕跡もあったという。後払いの「覚書」の報酬は1円単位で記されていたことも、関係者の話でわかってきた。1円単位である。

ケリーは「検討段階で契約は成立していない」と容疑を否認。逮捕容疑となった役員報酬などについても、「すべて適切に処理していた。金融庁にも部下に相談させた。適法だと思う」と周囲に説明しているという。

「ゴーン・チルドレン」西川と志賀

西川廣人社長兼ＣＥＯは、ゴーン逮捕を受けて11月19日に開いた緊急記者会見で「カルロス・ゴーン」と呼び捨てにしたことで、日産の幹部は開いた口が塞《ふさ》がらなかったという。

西川は数字がすべてで、結果を出せない場合には、会議の場で担当者に恥をかかせることもいとわないキツイ性格、と伝わっている。そのため、〝ミニ・ゴーン〟と呼ばれた。そんな西川が、ボスのゴーンを一刀両断で切り捨てたのだから、周囲は呆気《あっけ》にとられた。

西川は被害者ヅラしているが、本人も２０１８年３月期の役員報酬は４億９９００万円。ゴーンの腰巾着《こしぎんちゃく》となって社長に引き上げてもらい、高額報酬を得ていた。「えらそうな口を叩くな」（日産の若手社員）というわけだ。

「ゴーンが西川を社長にしたのは、ナンバー2を務めた志賀俊之と犬猿の仲だったから。志賀と牽制《けんせい》し合うようにするために、ゴーンは西川を引き上げ、社長に就けた」（日産関係者）といわれている。

西川は１９５３年生まれ。東京大学経済学部を卒業し、77年４月に日産自動車に入社。13代社長、辻義文《つじよしふみ》の下で秘書を務めたこともある。98年には欧州日産に転じた。２０００年10月、欧州日産の購買企画部部長に就任した。

頭角を現したのは、ルノーとの共同購買だ。01年4月、ルノーニッサンパーチェシングオーガニゼーション　エグゼクティブ　ゼネラル　マネージャーとなった。商品の原価低減や車体に使う鋼板の集中購買で陣頭指揮を執った。

その功績で、03年4月、日産の常務執行役員に。05年6月、取締役副社長に昇格した。このとき、日産のナンバー2の最高執行責任者（COO）になったのが、西川のライバル、志賀俊之である。

志賀も西川と同じく1953年生まれ。大阪府立大学経済学部を卒業し、76年4月、日産自動車に入社。海外勤務後は企画畑を歩いた。ゴーン体制に移行した99年7月、企画室長、日産とルノーのアライアンス推進室長に就任。ゴーン改革の第一弾「日産リバイバルプラン」を立案した。2000年4月に常務執行役員になる。05年4月、ゴーンに次ぐナンバー2のポストであるCOOに就いた。

志賀と西川はゴーン改革を支えた「ゴーン・チルドレン」の代表格である。よくいえばゴーンが運転する「クルマの両輪」。社内では「ゴーン黄門様に仕える助さん、格さん」と陰口を叩かれた。

西川は2005年から購買部門副社長を務めるとともに、北米・南米地域や欧州の経営会議議長を務めた。

一方、志賀は中枢から外されていく。13年11月、ナンバー2のポストである代表取締役ＣＯＯから、中二階の代表取締役副会長に棚上げ。ＣＯＯ職は廃止になった。15年６月には代表取締役も外れ、取締役副会長。17年６月、平取締役に格下げになった。

志賀に代わって、西川が権力の階段を駆け上がる。11年６月、代表取締役副社長に昇進。13年４月、代表取締役副社長、チーフ・コンペティティブ・オフィサー（ＣＣＯ）に就任し、研究・開発・生産、ＳＣＭ（物流）、購買、ＴＣＳＸ（品質）を担当した。

志賀が事実上解任され、西川は16年11月、共同最高経営責任者・副会長に就いた。この間、06年から16年までルノーの代表取締役を兼務していた。会長兼社長兼ＣＥＯのカルロス・ゴーンが社長とＣＥＯ職を退き、17年４月、西川廣人が後任の社長兼ＣＥＯとなる。

現在、西川がゴーンを糾弾《きゅうだん》する舌鋒《ぜっぽう》は鋭い。西川が超強気なのは、東京地検特捜部と取引したからではないかとの観測が流れた。

報酬隠しは仏政府とルノーの株主対策

金融商品取引法違反（有価証券報告書の虚偽記載）として報道されたものを整理しておこう。

・２０１１年３月期～15年３月期まで５年間の役員報酬約50億円の未記載

・２０１６年３月期～18年３月期まで３年間の役員報酬約40億円の未記載

・日産の株価上昇と連動した額の金銭を受け取れる「ストック・アプリシエーション権（ＳＡ

R）」も4年間で40億円分の未掲載。
日産のように「ＳＡＲ」を導入する会社は欧米でも数は少ない。

業績向上による株価上昇で報酬が増える仕組みの代表例は、自社株式を買える権利を与える「ストックオプション」がある。多くの上場企業が採り入れている。だが、日産の制度はこれとは違う。株価が上昇すれば、その分を現金で受け取れる。キャッシュであるところが特徴なのである。

上場企業の役員はインサイダー取引にふれる恐れがあるため、在任中は自社株式を自由に売買できない。経営者は株式よりも現金を手にできるほうが使い勝手がいいに決まっている。

ゴーンは「ＳＡＲ」の４年間40億円分を有価証券報告書に報酬として記載していなかった。社長兼ＣＥＯの西川廣人も18年３月期は記載していない。ところが、17年同期は２８００万円となっている。果たして18年３月期に西川にＳＡＲの付与はなかったのだろうか。西川はゴーンと同じ轍《てつ》を踏んではいないのか。

日産の有価証券報告書に記載されたゴーン会長の報酬は10億円前後。これでも株主から「高すぎる」と批判されてきた。株主総会でゴーンは、日産の報酬水準について「優秀な人材をつなぎとめるため、競争力のある報酬が求められている」と強調。世界的な自動車会社のＣＥＯの報酬水準が20億円近くにのぼることを挙げ、自分を含めて日産の役員報酬は高くないと反論した。

ただ、これだって公表した数字に限っての議論である。いまとなっては何の意味もない。

２０１８年３月期は、社長兼ＣＥＯを退いたことで日産からの報酬は7億円超に減らしたものの、新たに三菱自動車の役員報酬が加わり、公表されたものだけでも合計で10億円近く受け取ったことになっている。これとは別に、同じくＣＥＯを務める仏ルノーからも年９億円超の報酬を受けており、公表されたものだけでも、1年で総額20億円前後を稼いでいた。

２０１６年のルノーの株主総会では、ゴーンの報酬案に対して仏政府を含む54％の株主が反対したが、報酬案の議決には拘束力がないことから、ルノーは減額しなかった。18年６月の株主総会でも報酬案に同43％が反対した。

有価証券報告書への過少記載は、「社員のモチベーションが落ちるかもしれないので、合法的に一部は開示しない方法を考えた」と、ゴーンは供述しているという。社員をパーツと見なし、容赦《ようしゃ》なく切って捨てるゴーンが、社員の気持ちを忖度《そんたく》するとは驚きだ。

〈日産社内を含む複数の関係者は、こうした理由を疑問視し、「一番大きかったのはフランスの目ではないか」と指摘する。

フランス世論は所得格差に敏感と言われる。

（中略）関係者は、フランスで約９億円の報酬が強く批判されるような状況で、日産分を約20億円と公表できなかったのではないかと指摘。「ルノーとのバランス」を考慮して同水準の約10億円に抑えたとみている〉（朝日新聞18年12月４日付朝刊）

事件の発端となったリーマンショックの巨額損失

２００８年秋のリーマンショックで、自動車業界は１００年に1度という大不況に陥った。日産の09年3月期の最終損益は２３３７億円の巨額赤字となり、期末配当はゼロに転落した。つづく10年同期は中間、期末とも年間を通じて無配を継続した。グループ全体で2万人のリストラを断行。管理職には５％の賃金カットを実施した。ゴーン神話は、もはや過去のものとなった。リーマンショックが今回のゴーン逮捕の発端となる。この時期、ゴーンは20億円の役員報酬があったのにもかかわらず、有価証券報告書には10億円しか計上せず、残り10億円を記載しなかった。役員報酬の過少記載が逮捕容疑になった。

新生銀行との私的な金融派生商品（デリバティブ）取引で生じた18億５０００万円の損失を含む契約を日産に付け替えた特別背任容疑も、リーマンショックのときだ。

ゴーンが私的な投資の損失を日産に付け替えたとして逮捕された特別背任事件では、取引先の新生銀行が、ゴーン前会長との取引を「社長案件」として特別扱いしていた。

〈ゴーン前会長は日産社長だった06年ごろ、自分の資産管理会社と銀行の間で、通貨のデリバティブ（金融派生商品）取引を契約した。ところが08年秋のリーマンショックによる急激な円高で多額の損失が発生。担保として銀行に入れていた債券の時価も下落し、担保不足となったという。銀行側はゴーン前会長に担保を追加するよう求めたが、ゴーン前会長は担保を追加しない代わりに、損失を含む全ての権利を日産に移すことを提案。銀行側が了承し、約17億円の損失を事実上、日産に肩代わりさせたという〉（朝日新聞18年11月27日付朝刊）

この銀行は新生銀行。問題があった２００８年当時、同行には日本銀行の政井《まさい》貴子《たかこ》審議委員が在籍していたと報じられた。

〈「ゴーン氏は損失を含めて日産に権利を移そうとしました。そこで当時の日産幹部と、現在は日銀審議委員を務める新生の政井貴子キャピタルマーケッツ部部長（当時）が協議し、日産が取締役会の議決を行うことを条件にゴーン氏の取引を日産に事実上、付け替えたといいます。ところが証券取引等監視委員会が新生や日産に検査に入り、背任の恐れもあると指摘しました。最後はゴーン氏との個人取引に戻しています」（新生銀行元幹部）〉（「週刊文春」18年12月６日号）

新生銀行は、米投資会社リップルウッドが買収して、日本長期信用銀行から衣替えした。リップルウッドを裏で仕切っていたのが、米投資銀行ゴールドマン・サックス出身の投資家クリストファー・フラワーズ。新生銀の筆頭株主となったフラワーズは、ハーバード大学同窓のティエリー・ポルテに新生銀の経営を任せた。

ポルテは２００３年11月、新生銀の副会長に就任。05年にゴーンを新生銀に紹介したのがポルテだった。その直後の05年６月にポルテは社長に就任。これを機に、ゴーンは日本円で受け取っていた報酬をドル建てにするため、06年以降、自身の管理会社と新生銀とのあいだで金融派生商品であるスワップ取引を開始した。

「この取引は投機目的の取引だった疑いがある」と報じられた。東京地検特捜部は、円をドルに換えるだけなら、数倍の取引ができる契約は不要だったと見ている。

2008年のリーマンショックで多額の損失を計上した。その損失を日産に付け替えようとして、特別背任事件へと発展していくのである。

無配、大リストラ、管理職の賃金カットをやるからには、経営トップは役員報酬を全額返上するぐらいの範を示すのが経営者の矜持《きょうじ》だが、ゴーンにはその気はさらさらなかった。経営責任よりも、自身の懐が何より大事なゴーンの強欲ぶりを、まざまざと見せつけた。

『私の履歴書』は自慢話のオンパレードだが、リーマンショック後については、ほとんど触れていない。経営者失格を意味する無配の無の字も出てこない。ゴーンにとって「責任」とは自分が背負うものでなく、部下に負わせるものなのだ。

「会社の私物化」が次々と明らかに

やりたい放題の「会社の私物化」が次々と報じられた。社長の西川が糾弾《きゅうだん》した「私的な目的の投資支出」はそれこそ半端ない。

ゴーンが各国に豪邸を構えていることが暴露された。格好の絵（映像）になるから各テレビ局がワイドショーで、その高級住宅を現地レポートしまくった。

ゴーンは、日本では、東京・港区元麻布の高級マンションに居を構える。だが、「自宅」は世界各地にある。ゴーンが少年時代を過ごした中東レバノンの首都ベイルートや出生地ブラジルのリオデジャネイロ、オランダのアムステルダム、フランスのパリに高級住宅がある。ニューヨークにもあるという。

なかでも、ゴーンのルーツともいうべきレバノンの３階建ての豪邸は、日産が９億円で購入し、６億円かけて改装されたと伝えられている。かつて地中海貿易で栄えたレバノンの首都ベイルートは、ゴーンの少年時代までは「中東のパリ」と称され、美しい町だったが、その後、内戦が勃《ぼっ》発《ぱっ》。いまや、荒廃してしまった。

ゴーンの生まれ故郷ブラジルのリオデジャネイロ。美しいビーチで知られるコパカバーナの海岸沿いに、12階建ての高級マンションが建つ。価格は６億円で６階の全フロアを使っている。

パリの自宅は、エッフェル塔に隣接する高級住宅街。広さは２５０平方メートルで、資産価値は５億円という。

筆者の率直な疑問なのだが、パリの家まで日産が経費を負担している。パリならルノーに金を出させてもよさそうなものだが、ルノーでは、ベルサイユ宮殿での結婚式がらみの出費を除くと、こうした脱法的な行為は、ほとんどしていない。日産（イコール日本人）は与《くみ》しやすいと舐《な》めてかかって、やりたい放題、銭ゲバに走ったのではないのか。

日産は２０１０年10月、60億円を出資してオランダ・アムステルダムに子会社「ジーア・キャピタルBV」（ジーア社）を設立した。グレッグ・ケリーが役員に名を連ねているという。ジーア社は租税回避地（タックスヘイブン）である英領バージン諸島につくった法人を通じて、20億円を投じてこれら高級住宅を購入し、ゴーンは無償で利用してきた。

「会社経費の不正支出」では、業務実態のない姉にアドバイザー契約を結ばせ、毎年１１００万円、計８０００万円余りを支払わせていたほか、家族旅行や私的の飲食の代金も日産に負担させていた。ジェット機やヨットをプライベートで使ったときの費用も含まれていた。リオにあるヨットクラブの会員権も支払わせていた。娘の大学への寄付に日産の資金が使われていたともいう。姉はゴーンが子会社のジーア社に購入させたリオの豪邸で生活しているそうだ。

「CEOリザーブ」と不透明な中東巨額送金

２０１９年1月11日、ゴーンは日産に私的損失を付け替えたなどとして、会社法違反（特別背任）罪で追起訴された。リーマンショックによる通貨取引（為替スワップ契約）の評価損18・5億円ごと契約を日産に付け替えた疑いである。これをめぐっては、新たにサウジの実業家や中東への巨額送金と「ＣＥＯ予備費（ＣＥＯリザーブ）」なるものの存在が浮かび上がった。

〈（２００８年9月のリーマンショックにともなう急激な円高で、通貨取引のスワップ契約に18・5億円の評価損が発生したため）ゴーン元会長は取引先の新生銀行から追加担保を求められた。ゴーン元会長は担保の追加を回避するため、08年10月に評価損ごとスワップ契約を日産に移転。４ヵ月後の09年２月、自身の資産管理会社に契約を再移転した。

契約の再移転の際、ゴーン元会長の知人であるサウジアラビアの実業家、ハリド・ジュファリ氏が約30億円の信用保証をし、外資系銀行が発行した信用状を新生銀行に差し入れていた。（中略）特捜部は09～12年にＣＥＯ予備費を使って日産子会社からジュファリ氏側に支出された約16億円について、信用保証の謝礼などの趣旨だったとみて特別背任の疑いで捜査している〉（日経新聞２０１９年１月11日付朝刊）

〈ＣＥＯ予備費は２００８年12月ごろ、当時最高経営責任者（ＣＥＯ）だったゴーン元会長の指示によって創設され、アラブ首長国連邦（ＵＡＥ）の子会社「中東日産会社」内で管理されていた。

中東日産は09～12年、ＣＥＯ予備費から「販売促進費」などの名目で、（中略）ハリド・ジュファリ氏が経営する会社に約１４７０万ドル（現在のレートで約16億円）を支出。ほぼ同じ時期、ゴーン元会長の中東の知人２人が経営するオマーンとレバノンの会社にも、約３２００万ドル（同約35億円）、約１６００万ドル（同約18億円）を支出していた〉（日経新聞２０１９年１月５日付朝刊）

ＣＥＯ予備費はゴーンが直轄で管理し、使途を自らが決めていたという。日産のような大企業でこのように巨額を自由自在に使える仕組みになっているのは異例である。

〈ある日産幹部は「止められなかった責任は我々にもあるが、会社の資金が巧妙に私物化されていた」と問題視する〉（同紙）とあるが、本当だろうか。

ゴーンのマネーロンダリング疑惑

「ゴーンは極悪人といっていい。半端ないですよ。こんな経営者は見たことがない。マネーロンダリングのプロです。この事件は平成最大の経済事件、『第2のイトマン事件』といっていいでしょうね」

現在、投資家や作家として活躍している、かつて暴力団山口組系の組長だった「猫組長」こと菅原潮《すがわらうしお》が「週刊FLASH」（19年2月5日号）で、「カルロス・ゴーンはマネロンのプロ」と語っている。

菅原は最先端の経済ヤクザとして数百億円単位のカネを動かしてきた。特に中東のオイルマネーロンダリング（資金洗浄）で暗躍し、「日本でのマネロンの第一人者は私」と言ってはばからない。

そんな菅原が、カルロス・ゴーンの錬金術を見て驚愕《きょうがく》したという。以下、引用する。

〈「ゴーンは、新生銀行から10億円の追加担保を求められ、知人でサウジアラビアの実業家であるハリド・ジュファリ氏に、30億円の信用状『スタンドバイL／C』（以下SBLC）を差し入れてもらった。

SBLCは、マネロンによく用いられるもの。本来、なんのお金かわからないから、日本の銀行は受け取らないことが多い。

ゴーンが受け取ったSBLCは、1年間は保証が効き、転用が可能で、いわば30億円分の担保を入れてもらったようなもの。だからゴーンは、ジュファリ氏に対し、30億円まではなんらかのカネを送るつもりだったのでしょう」〉

リーマンショックの影響によりゴーンは、新生銀行との間でおこなっていた通貨デリバティブ（金融派生商品）の取引で、18億5000万円の評価損を出してしまう。

その権利を日産に付け替えたうえで、ジュファリからSBLCを差し入れてもらった。だが、結局30億円は担保として取られることはなかった。

〈「通常、SBLCを発行してもらうと、発行元にリース料として金額の約10パーセントを払う。ゴーンの場合、リース料は約3億円かかる。しかも、ゴーンはジュファリ氏に、16億円をいろんな名目で払った。つまり、日産に対して巨額の損失を与えているのです。

また、大損するかもしれないデリバティブを、その時点で日産に付け替えている。十分特別背任は成立する事件です」〉

ゴーンは逮捕直後、日本で弁護活動がおこなえないにもかかわらず、米国の著名な法律事務所と契約した。「猫組長」は、その点にも注目する。

〈「米国はテロ資金の流れを追うため、マネーロンダリングに対してピリピリしているんです。だから、中東のドル建て債券や証券などを常に監視しているわけです。当然僕らも監視されています。

日産はＡＤＲ（米預託証券）をニューヨークで上場させており、今回の事件でＳＥＣ（証券取引委員会）やＦＲＢ（連邦準備制度理事会）が調査に乗り出すことを懸念して、弁護士を雇ったはず。まさにマネロン対策ですよ。

むしろ、米当局のほうが日産より先に、異常な取引を摑んでいたのかもしれません。米国が動けば、日産はひとたまりもないわけで、やむなく日本国内で告発せざるを得なかったのでしょう」〉

菅原は、ゴーン被告と取引していた新生銀行の対応にも疑問を持ったという。

〈「日本でＳＢＬＣを扱える銀行は、外国証券部がしっかりしている大手2行ぐらい。銀行の人が僕にレクチャーを求めてくるくらいですから（笑）。だから新生銀行側も、おかしいと思わなかったはずはないわけ。責任は重いといえます」〉

捜査の突破口はオマーンルートか

特別背任の突破口は日産から中東地域に支出された計約1億ドル（約１１６０億円）のうち、オマーンの販売代理店に渡った３５００万ドル（約39億円）とみられている。この代理店とゴーンの間で、複数回にわたり巨額の資金の移動が確認されている。中東日産の関係者は特捜部に対し、「ゴーン被告の指示で支払った資金に正当性はなかった」と説明している。

ゴーンは「オマーンの販売代理店のオーナーからの借金はすでに返済した」としているが、特捜部はオーナーからの借金の一部が新生銀行に追加担保として差し入れられ、その返済などに「ＣＥＯリザーブ」が充てられた疑いがあると見ている。

キーマンはオマーンの販売代理店の経理を担当していたインド人幹部とされる。この幹部が設立したペーパーカンパニーから、ゴーンの家族が代表を務める会社に少なくとも７５０万ユーロ（約９億円）が移動し、イタリア製のクルーザー「ＳＨＡＣＨＯＵ（社長）」号（約15億円で購入）の購入資金の一部に充てられた可能性がある。特捜部はインド人幹部の口座とペーパーカンパニー経由でゴーン側に資金が還流していた疑いがあると見て、中東に支出された資金の流れを解明するため、オマーンを含む中東各国に捜査共助を要請している。

「ＣＥＯオフィス」を操り、人事と予算を握る

もう１つ明らかになったのは、「ＣＥＯオフィス」が裏の権力になっていたということだ。「ＣＥＯオフィス」は一般になじみがない。いったいどんな組織なのか。

ゴーンが日本に来たときにできた部署だ。当初ゴーンはＣＯＯだったから「ＣＯＯオフィス」といったが、ゴーンがＣＥＯになった２００１年６月に「ＣＥＯオフィス」に名称を変えた。

日産のことをほとんど知らないゴーンが、仕事を遂行するのをサポートするチームだ。ゴーンの意図を社内に伝達するのが役目。秘書室とは別で、「側用人《そばようにん》」といったほうがわかりやすいだ

ろう。

江戸幕府には「側用人」がいた。将軍の側近で、将軍の命令を老中《ろうじゅう》に伝える役目を担っていた。老中は政務を統轄《とうかつ》する幕府の最高職だ。将軍と老中のあいだを橋渡しするのが側用人。側用人の言葉は将軍の言葉で、側用人は絶対的な権力を握った。江戸幕府は「側用人政治」といわれた。

ゴーンの権力の源泉は、「CEOオフィス」という名の側用人政治にあった。ゴーン逮捕後、企業人が最も驚いたのは、日産にはガバナンスが、まったく機能していなかったことだ。

大企業には、社外取締役が役員報酬を決める「報酬委員会」や社長以下の役員候補を推薦する「人事委員会」が設置されているが、日産はグローバル企業を謳《うた》いながら、「報酬委員会」も「人事委員会」もなかった。役員報酬や人事は、ゴーンが「ただ一人」で決めていた。

社長兼CEOの西川廣人は、人事権と予算権はゴーンに握られていたと報じられている。人事権も予算権もないCEOとは何なのか。三菱自動車も役員報酬はゴーンが決めていた。益子修CEOは何をやっていたのか。皇帝・ゴーンの採決に「御意《ぎょい》」と従っただけなのだろうか。両社は慌てて「報酬委員会」の設置を決めるようだ。

ゴーンは「CEOオフィス」のグレッグ・ケリーに、過少記載を指示した。

「CEOオフィス」にいたメンバーは、〝神の声〟を伝えることで、権力の醍醐味《だいごみ》を堪能《たんのう》した。ゴーンの不正を検察に告発したハリ・ナダ専務執行役員らは、いずれも「CEOオフィス」にいた幹部たちであった。

ゴーンの「側用人政治」を惹起《じゃっき》させる「CEOオフィス」は即刻、解体すべきである。

ゴーン本人が無実を主張

2019年1月8日、東京地裁でおこなわれたゴーン元会長の勾留《こうりゅう》理由開示の場に、本人が出廷し、通訳を介して英語で意見陳述した。

ゴーンは容疑を全面否認するとともに、次のように述べた（時事ドットコムニュース1月8日付）。

「私は人生の20年間を日産の復活とアライアンスの構築にささげてきました。私はこの目標のために、日夜を問わず、地上でも機上でも、世界中で懸命に働く日産の従業員と肩を並べて、価値を創り出すことに取り組んできました。私たちの努力は目覚ましい成果を上げてきました。私たちは日産を変革しました。1999年に2兆円の負債を抱えていたところから、06年末には1・8兆円の現預金を有するまでに至りました。99年に250万台の販売にとどまり多大な損失を計上していたところから、16年には580万台を販売して利益を上げるに至りました。（中略）

これらの成果は、世界に比類ない日産従業員のチームによって得られたものであり、私にとっては家族の次に、最も大きな人生の喜びです」

通訳の時間を含めて30分近くつづいた意見陳述を、最後にこう結んだ。

「私は無実です。私は常に誠実に行動してきており、数十年にわたるキャリアにおいて不正行為により追及されたことは一度もありません。確証も根拠もなく容疑を掛けられ、不当に勾留されています」

アライアンスの権力バランスの行方

仏ルノー、日産自動車、三菱自動車は2018年11月29日、3社連合を主導してきた日産前会長のカルロス・ゴーン容疑者が逮捕されてから初の3社による協議を連合の統括会社「ルノー・日産BV（RNBV）」で開いた。電話会議システムも活用し、日産の西川廣人社長兼CEO、ルノーのティエリー・ボロレCEO代理、三菱自の益子修会長兼CEOが会談した。ボロレはオランダまで出向いてきた。

会談後、「各社は引き続きアライアンスの取り組みに全力を注ぐ」との、通り一遍の共同声明を発表した。3社連合の要であるゴーンの退場で提携関係の土台が揺るぎかねない事態だったが、まずは、3社トップが連合の維持を確認した格好だ。

日産はゴーン逮捕を契機に、ルノーとの「不平等条約」ともいえる資本関係を見直す考えで、3社会談をその第一歩と位置づけていた。

ルノーはかつての仏国営企業。いまも仏政府が15％出資し、筆頭株主だ。日産はルノーの出資を受け入れて経営危機を乗り切ったが、近年、ルノーの業績は振るわず、販売台数、売上高、利益では日産がルノーを大きく上回る。ゴーン事件が表面化した後の株式時価総額（2019年1

月11日終値時点）はルノーが2兆832億円（1ユーロ124・45円で換算）。一方、日産は3兆8218億円。ルノーの企業価値は日産の半分程度でしかない。

ルノーは日産に43・4％出資して議決権を握る一方、日産のルノーへの出資は15％にとどまり、フランスの法律に基づき、株式に議決権はない。こうした「不平等条約」の改訂が、日産の古参幹部の悲願だった。

対して、仏政府はむしろ日産への影響力を強めたい。経済や製造業の再生を掲げて当選したマクロン大統領は9％の高い失業率と3割を切る低支持率に喘ぐ。マクロン政権の自動車燃料増税に反対する「黄色いベスト」デモが2018年11月半ばからはじまり、全国規模の反政府デモへと拡大していた。

支持率回復の有力な切り札が日産といわれている。デモ参加者に関心が強い雇用問題とからめて、「フランスをEVの生産拠点にする」ことに強い意欲を示し、1月13日には国民向け書簡でEVなど「将来の車」の必要性に言及した。

マクロン大統領にとってルノー・日産問題は政権の求心力を保つための一丁目一番地なのだ。マクロンは事件前、ゴーンを2022年までルノーCEOに留任させる条件として、ルノーと日産の関係を「不可逆的なもの」にするように求めたとされる。

具体的には、株式交換方式でルノーが日産と経営統合し、日産を完全子会社にするというものだ。仏企業になった日産に、フランス国内に大規模の自動車工場を建設させ、雇用増につなげたいとしている。

日産とルノーを結びつける〝接着剤〟の役割を果たすゴーンが退き、両社の関係が悪化すれば、フランスの経済や雇用にマイナスの影響が出かねない。マクロンはそれを心配している。

3社の初会談に先立ち、仏政府のブリュノ・ルメール経済・財務相は「3社連合のトップは従来どおりルノー出身者から出すべきだ」との考えを表明した。連合の総本山RNBVのトップはルノーのCEOが就くとの〝密約〟があるという。ゴーンは「推定無罪」の論理でルノーのCEOを解任されていないから、この時点ではRNBVのトップのままだった。ゴーンがルノーのCEOを退いても、RNBVのトップはルノーから出すべきだ、とルメールは言明したわけだ。

RNBVは日産とルノーの共同出資会社で、三菱自は出資していない。日産の幹部は、「RNBVに三菱自が出資してないこと」をあげ、「RNBVにこだわる必要はない」と、3社連合の戦略決定や運営の仕組みを見直す可能性を示唆した。日産は三菱自をカードに、RNBVの解体をも視野に入れている。

日産はRNBVの権力を殺《そ》ぐことを、不平等な資本関係の是正の突破口にしたい考えだ。

ゴーン派を粛清

日産の実権を掌握した西川はゴーン派の粛清《しゅくせい》に乗り出した。まず、日産でCOOや副会長を務め、「ゴーン・チルドレン」のトップだった志賀俊之取締役が2019年6月に開催予定の定時株主総会で退任する。

業績不振の責任を問い、経営幹部を次々と切り捨てていったゴーンは、志賀も２０１３年にCOOから解任した。経営の中枢からは外れたものの、その後も志賀を取締役にとどめたのは、ゴーン改革を二人三脚で遂行した唯一の日本人幹部だったからである。ゴーンが西川の更迭《こうてつ》を計画したとき、〝隠れゴーン〟の志賀をワンポイントで社長に起用するのではないかと囁《ささや》かれた。

西川と志賀が犬猿の仲なのは有名だ。西川が権力を握ったため、志賀の退任は時間の問題だった。

ゴーンの信任が厚く、中国事業担当のホセ・ムニョスがCPO（チーフ・パフォーマンス・オフィサー）の職を外れ、２０１９年1月12日までに辞職した。

ムニョスは、日産のCPOとして収益や経営効率を管理する経営責任者も務めていた。２０１４年から北米地域の統括責任者となり、２０１８年4月から中国事業を担当した。北米、中国と主要地域の責任者を歴任し、副社長より格上の「ナンバー3」ともいわれるCPOとして、一時は次期社長候補に挙げられていた。だが、担当する北米事業は採算が悪化、中国事業も新車販売が減速し、日産の社内からは責任を問う声が出ていた。

ロイター通信（19年1月11日付）は〈ゴーンを巡る社内調査の対象を米国やインドの案件にも広げた〉と報じた。ホセ・ムニョスが米国でおこなった決定も調査の対象になっているという。

人事を統括するアルン・バジャージュ専務執行役員も自宅待機を命じられ通常業務から外れた。

バジャージュは弁護士として活動し、米フォード・モーターを経て２００３年に日産カナダ法人に弁護士として入社。２００８年に日産本体の人事部の担当部長に就き、アジアや海外人事の要職を担った。２０１４年に人事統括の常務執行役員に昇格すると、ゴーンの右腕として人事を差配。２０１５年から仏ルノー・三菱自動車との３社連合の人事担当役員のポストに就いた。

日産はゴーン派の２人が職務から離れ、１人は退職した理由を明らかにしていないが、西川廣人社長兼ＣＥＯの意向とされる。ゴーンの側近たちの粛清人事は、これからもつづく。

ゴーン側近の〝外人部隊〟の経歴を見ると、いずれも弁護士資格を持っている。弁護士はクライアントの要望で「黒を白」と主張することもある。ゴーンが周辺を弁護士出身の外国人で固めたのは、彼らしい功利主義の発露といえよう。

そうそう、ルノーでゴーン逮捕後もゴーンの指示で暗躍していたと伝えられている女性副社長のムナ・セペリも弁護士出身。セペリはＲＮＢＶから２０１２〜16年の5年間に〝隠れ報酬〟を計約50万ユーロ（約６２００万円）受け取っていたと報じられているが、本当なのか。経営者にあらざる人間を側近に起用することで、ゴーンの資金流用の闇はいっそう深まった。

日産が東京地検特捜部から止められていた、ゴーン被告に関する内部調査の内容を公表すれば、日産の外国人幹部のやりたい放題の事態も明らかになるだろう。

社内では外国人幹部を「ハイポ」と揶揄《やゆ》してきた。ハイパー人材ポジションの隠語らしい。

「日産にはハイポだけが乗れるスーパー高速エレベーターがあり、日本人は高速エレベーターどまり」とのボヤキの声が横溢《おういつ》していた。

「あるハイポは奥さんも日産の課長職。そのハイポが欧州で仕事をする際に奥さんも同行し、２ヵ月間出張扱い。フランスで仕事のはずが、スイスの自宅で在宅勤務だった」（日産社員）

やりたい放題はゴーンだけではなかった。

資本関係の見直しに立ちはだかる壁

西川廣人社長兼ＣＥＯは２０１９年1月7日、大株主の仏ルノーとの提携関係について、「将来に向けて話し合い、できる限り早く安定化させたい」と述べ、見直しに意欲を示した。経団連、経済同友会、日本商工会議所の経済団体３団体が帝国ホテルで開いた新年祝賀会に出席した際、記者団の質問に答えた。

西川は資本関係見直しについて「両社関係を次世代に継承するうえで、現経営層の宿題の１つだ」と語り、自分の手で見直しをおこなう考えを強く滲《にじ》ませた。

両社のトップを兼ねていたゴーンの逮捕を受け、資本関係の見直しが焦点として浮上してきた。ルノーは日産に43・４％を出資し議決権を持つ。日産はルノーに15％を出資するが、議決権がない。日産は事前の了解がなければルノー株を買い増すことができないことが契約で定められている。

現在のアライアンス（出資比率や提携内容）は、ルノーにとって絶対的に有利である。取締役会に役員を送り込み、帳簿閲覧《えつらん》権も株主総会での特別決議に対する拒否権も持っている。倒産の瀬戸際にあった日産は不平等な契約を呑まされた。不公平な資本関係を見直すことが、日産の悲願である。

だが、大きな壁が立ちはだかる。日本経済新聞電子版（２０１８年12月1日付）は、「日産、ゴーン元会長退場でもそびえる『３・５％の壁』」と報じた。

〈フランスの会社法では、ルノーの日産株の保有比率が40％を下回ると、日産保有のルノー株15％に議決権が付与される。日産が３・５％の株式を自社買いで引き受ければ、約１５００億円で資本の平等を勝ち取れる。

「３・５％」といっても現実には仏政府という高いハードルが立ちはだかる。仏政府はルノー株の15・1％保有する筆頭株主だが、日産が保有する15％の株式に議決権が生じれば、互いに議決権ベースで10％台半ばとほぼ横並びの株主となる。フランスでは株式を2年以上持つ株主に2倍の議決権を与える「フロランジュ法」があるが、仏政府の持つルノー株には議決権の制限がかけられているからだ。仏政府の動きをけん制できるため、「日産の独立性をある程度担保することになる」（クレディ・スイス証券）

だが、資本関係の見直しは一筋縄ではいかない。影響力の低下を懸念したフランスのルメール経済・財務相は（11月）27日、地元テレビで「ルノー、日産はお互いの出資比率を変えてはなら

ない。２社のパワーバランスが変わることは望ましくない」と早くも日産側をけん制した〉

ルノーと日産の不平等な関係を是正する方法はある。日産がルノーに対する出資比率を25％に上げると、日本の会社法でルノーの議決権は消滅する。ルノーが日産株を売って出資比率を下げないのなら、日産はルノー株を買えばいい。だが、これも簡単ではない。日経はこの件にも触れている。

〈日産はルノー株の保有比率を15％から25％まで引き上げ、ルノーが保有する日産株の議決権を消す方法もある。必要な資金はプレミアムを考慮しなければ約２４００億円。ただ、この条件が当てはめられるのは、ルノーが不当な経営介入をしたと判断できた場合だけただ〉

「フロランジュ法」の際に、西川は仏政府との粘り強い交渉で、「日産の経営には干渉しない」との確約を取りつけた。これが西川が社長兼ＣＥＯとなる決め手となった。今回の資本関係の見直しについて、仏政府とどう渡り合い、「平等な関係」を築くことができるのかだ。

３社連合崩壊の危機

カルロス・ゴーンは２０１７年９月に「３社連合で２０２２年までに世界販売台数を年間１４００万台に引き上げる」という新６ヵ年の中期経営計画「M.O.V.E. to 2020」を公表し、事業拡大への意欲を露《あらわ》にした。「世界の電気自動車王」どころか「世界一の自動車王」の座が手に届くまでになった。

この野心を達成するためのシナリオは、こうだった。仏ルノーと日産のゆるやかなアライアンスの枠組みを見直して、両社を統合させ、その統治者として自分が君臨しつづける仕組みにつくり変える――。

「フロランジュ法」のときには、ゴーンは日産の経営陣と足並みを揃えて仏政府に抵抗したが、今度は仏政府に迎合しルノー・日産の統合に舵《かじ》を切った。日産には「ゴーンに裏切られた」との思いが強い。

だが、少し冷静になればわかることだが、ゴーンに日産の〝守護神〟となるほどの思い入れは最初からなかった。

野望を達成するためのカードの1枚が日産だったということだ。ルノーも日産も三菱自も、ゴーンにとっては手持ちのカードなのだ。

しかし、クーデターで追い落とされ、ゴーンの野望は潰《つい》えた。

とはいえ、日産とルノーの統合話が消えたわけではない。日産とルノーが経営統合したら、日産と日産が34%の株を保有する三菱自はルノーの完全子会社になってしまう。それは、ルノーに絶対的な影響力を持つ筆頭株主の仏政府の影響下に、日産と三菱自が組み込まれることを意味する。安倍晋三《あべしんぞう》政権としても、これは絶対に避けたい。

日産社長の西川廣人の最大の仕事は、ルノーとの資本関係を見直すことだ。ゴーンの後任の日産会長が誰になるのかが前哨戦《ぜんしょうせん》となる。２０１９年6月の定時株主総会で、「日産を立て直すのは親会社の責任」という資本の論理を振りかざし、ルノーが一気に勝負に出るだろう。

双方が睨《にら》み合う膠着《こうちゃく》状態がつづけば、日産・ルノー・三菱自の3社連合の枠組みはメルトダウン（溶解）することにもなる。

自動車産業は１００年に1度の大変革期にある。ゴーン・スキャンダルが日産の本業を停滞されることは間違いない。新車開発、販売現場のモチベーションにも影響が出る。

百歩譲ってゴーンの主張どおり「会社（日産）に一切損害を与えていない」としても、個人的な損失の付け替えをしたことは経営者として、人として、道義的に許されるものではない。東京地検特捜部は「付け替えた時点で犯罪が成立する」との立場だ。

「出自にコンプレックスを抱いていた」（日産の元役員）といわれているゴーンが、唯一の拠り所を「マネー（金）」に置いたのだとしたら、その人生はむなしい。からっぽだ。

「闇深き怪事件」（浜矩子《はまのりこ》・同志社大学教授、東京新聞２０１９年1月13日付「時代を読む」）の解明は法廷に移る。裁判では、特別背任の構成要件に該当するかがおもな争点となろう。あいまいな名目での多額の資金の送金は不自然にも映る。正当な支出だったのか。特捜部がどこまで立証できるかがポイントとなる。

ルノーの新体制決まる

フランスのルメール経済・財務相は1月24日、仏自動車大手ルノーのカルロス・ゴーン会長兼最高経営責任者（ＣＥＯ）が辞表を提出したと明らかにした。

ルメール経済・財務相によると、ゴーン被告の後任を決める24日のルノーの取締役会に先立ち、同社幹部が23日夜に日本で勾留中のゴーン被告から辞表を受け取ったという。ゴーンは解任ではなく、辞任だ。

ゴーンの後任であるルノーの会長には、ミシュランＣＥＯのジャンドミニク・スナールが就いた。ルノーの副ＣＥＯだったティエリー・ボロレがＣＥＯとなり、ルノーも「ゴーン後」の新体制に移行した。

スナールが卒業したＨＥＣ経営大学院は、フランスで２００校以上ある高等教育機関「グランゼコール」の中でも名門。前仏大統領、オランドの出身校である。難易度の高い一部のエリート校の出身者が政治、財界、官僚のトップをほぼ独占している。

ゴーンはエンジニア系の最高峰とされるエコール・ポリテニークとパリ国立高等鉱業学校という2つのグランゼコールを卒業しているが、スナールとゴーンが決定的に違うのはゴーンはフランス人であると同時にレバノンとブラジルにルーツを持つ点。「野蛮で育ちは悪いが仕事はできる」がゴーンのフランスでの評価だ。

西川は２０１９年2月1日、パリでルメール経済・財務相と極秘で会談、日産社内に波紋を描いた。１月31日にオランダのルノー日産ＢＶでルノー新会長、スナールと初めて顔を合わせており、その後、パリに赴いた。西川は社内（取締役会）にも十分説明しないまま、単独で動いた。日産社内からは「企業統治上、問題だ」との指摘も出た。

西川は何を考えているのか。まさか、〝スナール・チルドレン〟になって（成り下がって）、自分の地位を守ろうとしているのではあるまいか。クーデターを起こしてゴーンを事実上、追放した西川を仏政府＆ルノーが許すとは思えないのだが、西川には彼なりの〝成算〟があるのかもしれない。

ルノーにも動きがあった。２月７日、カルロス・ゴーンが２０１６年にパリ郊外のベルサイユ宮殿で結婚披露宴を開いた際、ルノーの資金から私的な利益を得た疑いがあると発表した。ルノーがゴーンの不正疑惑を公表したのは初めてだ。

発表によると、ルノーがベルサイユ宮殿と結んだ契約の中で、「5万ユーロ（約６２０万円）がゴーン被告の私的な利益に割り当てられたことが確認された」としている。

仏フィガロ紙（電子版）によると、ゴーンは16年10月、ベルサイユ宮殿内にある大トリアノン宮殿で、再婚相手の妻キャロルと披露宴を開いた。ルノーは16年６月、芸術文化の支援を目的にベルサイユ宮殿とスポンサー契約を結んだ。契約にはルノーが宮殿の修復費を負担する代わりに、ゴーンが5万ユーロ相当とされる披露宴のサービスを受けられる取り決めが盛り込まれていた。契約に使う費用はゴーン自身が判断できる会計から支払われたとされる。

社内調査には限界があるため、検察当局へ同日、通報した、と仏メディアは伝えた。

ゴーンの弁護士は2月8日、「(ゴーンは) 返金する用意がある」と語った。

仏紙レゼコーは2月8日、〈2014年のゴーン自身の60歳の誕生日に、日産とルノーの予算計60万ユーロ (約7500万円) を使って祝った疑いがある〉と報じた。

14年3月9日、ベルサイユ宮殿で200人が参加する大規模な晩餐会を開いた。公には日産とルノーの自動車連合結成15年を祝う会だったが、レバノンの名士数十人やブラジル、フランスの実業家、政治家などゴーンの友人が多数出席した。日産からの出席者は数人だった。この日は自動車連合ができた日ではなく、ゴーンの誕生日だった。提携15周年は3月27日だった。

有名なシェフ、アラン・デュカスが腕を振るい、庭園で花火が打ち上げられた誕生会の費用は最低でも60万ユーロとされ、ルノー・日産BVが負担している。庶民感覚からかけ離れた出費であり、ルノーと日産は適切な出費だったか調べる可能性があると、レゼコーは伝えた。

ルノーvs日産の第一幕が開く

ルノーは2019年2月12日、ティエリー・ボロレCEOがルノー・日産BVの会長に就いたと発表した。1月下旬に新しい経営体制に移行したルノーは、日産自動車との企業連合の統括会社のトップを決定した。これで、ルノー主導で日仏連合の協議を進めやすくする環境が整った。

翌2月13日、ルノーは取締役会を開き、カルロス・ゴーンが退任にともなって受け取ることになっていた最大で３０００万ユーロ（約38億円）を、支給しないことを決めた。ルノー株式46万株（約35億円相当）を受け取る権利があったが、この支給も取り止める。ライバル会社に退任後2年間転職しないことを条件に支給する補償金（仏メディアによると４００万〜５００万ユーロ＝5億〜6億３０００万円）も支払わない。

日産の定期株主総会は２０１９年6月後半。日産会長をルノーのスナール会長が兼務するのか。〝ポスト西川〟の社長に、日本人の誰を起用するのか。定時株式総会で新経営体制がどうなるかで、ルノーvs日産の第一幕の勝敗は決する。

あとがき

ゴーン事件で最も驚いたことは、カルロス・ゴーンが日産のCEOでもないのに、「西川（廣人）社長以下執行役員53人全員の人事権と報酬権を握っていた」（「週刊ダイヤモンド」2018年12月15日号）ということだ。

日産ほどのグローバル企業に、社外取締役が役員報酬を決める「報酬委員会」がなく、ゴーンが事実上、一人で報酬額を決めていたことは驚きだ。

人事とカネ。これを握ったことがゴーンの独裁権力の源泉だった。

絶対権力者を生んだ背景には、ルノー、日産、三菱自動車という巨大な自動車連合のトップを一人で長年独占してきたことがある。

企業文化も影響している。ある日産OBはこう語っている。

「私的流用などの不正を以前から知る人はいたはず。だが、上に弱い。おべっかを使って、余計なことをしない人が生き残る。ゴーン氏が来る前からそういう体質の会社だ」（「週刊東洋経済」2018年12月15日号）

強大なパワーをもつ権力者があらわれると、圧倒されてしまうのが日産の企業風土なのだ。

イタリアの思想家マキァベリは「人間は本来、邪悪のもの」として、このような人間を支配するために、君主はどうあるべきかを説いた。

ゴーンはマキァベリストとして、権謀術数《けんぼうじゅっすう》を弄《ろう》して権力を掌握した。だが、ゴーンが失脚した原因もマキァベリは『ローマ史論』で見通していた。

〈陰謀を防ごうと思ったら、かつてひどい目にあわせた人間よりも、むしろ目をかけた人間を警戒せよ。そうした人間のほうが陰謀の機会が多いのである〉

朝日新聞（２０１８年12月16日付朝刊）の「朝日歌壇」に次の歌が載った。

〈才長《た》けたフェニキア人《びと》の末裔《まつえい》は小菅《こすげ》の空に何を思うか〉

選者は高野《たかの》公彦《きみひこ》。〈その人のゆかりの地レバノンにフェニキア都市があった〉と講評した。

日産は独裁者でないと企業統治できない企業体質は変わっていない。カルロス・ゴーンが表舞台から消えても、また新しい独裁者が出てくることになるだろう。

特別背任で再逮捕され、「ＣＥＯ予備費」の存在がクローズアップされている。ＣＥＯ予備費から中東の日産の販売代理店に巨額の資金が流れていた。投資による損失を会社に付け替えたケースでも「実害は与えていない」とのゴーンの主張が通るかどうかが焦点となる。

東京地検特捜部には法と証拠に基づく厳正な捜査で全容の解明に努めてもらいたい。捜査に全力を尽くすのは当然で、海外メディアの批判などにひるむことはない。だが、それは海外メディアの批判に耐えうるものでなければならない。

〝ゴーン親衛隊〟とされる外国人の経営幹部は日産だけでなくルノーでも弁護士資格を持った人ばかりである。弁護士は雇い主を守るためには「黒を白と言いつのる」とされる。ゴーンはこうした人々を上手に使って自らの帝国の維持・発展に努めた。

「産業記者（企業取材がメインのミクロ経済担当）にとってゴーンの逮捕の衝撃度は、政治記者の田中角栄逮捕に匹敵する」としみじみ語ったベテランの記者がいた。

いまだにゴーンを過大評価している記者がいるのは、彼らがゴーン（いや日産）の恩恵を降るように受けていたからだろう。ゴーン礼賛《らいさん》本を書いて印税を稼いだ記者は、自分が書いた文章を読み直してみるといい。

〝ポスト平成〟の自動車業界は激変する。電気自動車（ＥＶ）、自動運転車、コネクテッドカーへの技術発展。クルマは「保有からシェアへ」と大きく変わる。グーグル、アップルや中国企業がＩＴ（情報技術）を武器に現存の自動車メーカーの聖域へ侵攻する。激動の時代に日産は漂流をはじめた。

２０１８年の大晦日《おおみそか》、除夜の鐘の響きは「ゴーン、ゴーン、ゴーン」と味わい深かった。日本の自動車メーカーのトップの、新年のブラックジョークか。諸行無常《しょぎょうむじょう》だからおもしろいのだ。

〝ポスト平成〟は、もっともっと無情であって欲しい、と願う。

そうでないと凡庸《ぼんよう》な経営者は絶対に覚醒しない。

■参考資料

注1　塙義一「決断・そのときわたしは」（日刊工業新聞2006年1月11～13日付）
注2　カルロス・ゴーン『ルネッサンス　再生への挑戦』（ダイヤモンド社、2001年10月）
注3　カルロス・ゴーン『カルロス・ゴーン　国境、組織、すべての枠を超える生き方（私の履歴書）』（日本経済新聞出版社、2018年3月）
注4　デイビッド・ハルバースタム『覇者の驕り　自動車・男たちの産業史』（日本放送出版協会、1987年4月）
注5　三鬼陽之助『日産の挑戦　はたして、トヨタを追い越せるのか』（光文社、1967年10月）
注6　塩路一郎『日産自動車の盛衰　自動車労連会長の証言』（緑風出版、2012年8月）
注7　青木慧『日産共栄圏の危機　労使二重権力支配の構造』（汐文社、1980年3月）
注8　高杉良『労働貴族』（講談社文庫、1986年6月）
注9　佐藤正明『日産　その栄光と屈辱　消された歴史　消せない過去』（文藝春秋、2012年10月）
注10　川勝宣昭『日産自動車極秘ファイル2300枚　「絶対的権力者」と戦ったある課長の死闘7年間』（プレジデント社、2018年12月）
注11　カルロス・ゴーン、フィリップ・リエス『カルロス・ゴーン　経営を語る』（日経ビジネス人文庫、2005年12月）
注12　中西孝樹「ゴーンの功罪、ルノー日産連合が『独裁維持装置』に変容した理由」（「ダイヤモンドオンライン」2018年11月26日付）
注13　「匿名座談会」（「週刊東洋経済」『特集　日産　危機の全貌』、2018年12月15日号）
そのほか朝日新聞、日本経済新聞、産経新聞、東京新聞、日刊工業新聞、ウォール・ストリート・ジャーナル日本版、フィナンシャル・タイムズ、時事通信、ロイター通信、ブルームバーグ通信、週刊文春、フライデー、週刊FLASH、週刊ダイヤモンドの当該記事

有森隆「日本企業が『不平等条約』で占領されてゆく」（「月刊現代」2002年9月号）、「カルロス・ゴーン『経営神話』の自壊（「月刊現代」2004年9月号）、「ゴーン神話（マジック）の終焉」（「月刊現代」2006年12月号）、「C・ゴーン『植民地・日産』の次の獲物」（「月刊現代」2009年1月最終号）ほか取材記事

著者略歴

経済ジャーナリスト。早稲田大学文学部卒。三〇年間全国紙で経済記者を務めた。経済・産業界での豊富な人脈を生かし、経済事件などをテーマに精力的な取材・執筆活動を続けている。

著書には『日銀エリートの「挫折と転落」―木村剛「天、我に味方せず」』（講談社）、『経営者を格付けする』（草思社）、『世襲企業の興亡』『海外大型M&A 大失敗の内幕』『社長解任 権力抗争の内幕』『社長引責 破綻からV字回復の内幕』『住友銀行暗黒史』『巨大倒産』『社長争奪』（以上、さくら舎）、『実録アングラマネー』（講談社+α新書）、『ネットバブル』『日本企業モラルハザード史』（以上、文春新書）、『創業家物語』（講談社+α文庫）、『強欲起業家』（静山社文庫）、『異端社長の流儀』（だいわ文庫）などがある。

日産《にっさん》 独裁経営《どくさいけいえい》と権力抗争《けんりょくこうそう》の末路《まつろ》
――ゴーン・石原《いしはら》・川又《かわまた》・塩路《しおじ》の汚《よご》れた系譜《けいふ》

二〇一九年三月一五日 第一刷発行

著者 有森《ありもり》 隆《たかし》
発行者 古屋信吾
発行所 株式会社さくら舎 http://www.sakurasha.com
東京都千代田区富士見一-二-一一 〒一〇二-〇〇七一
電話 営業 〇三-五二一一-六五三三 FAX 〇三-五二一一-六四八一
編集 〇三-五二一一-六四八〇 振替 〇〇一九〇-八-四〇二〇六〇

装丁 石間 淳
写真 共同通信イメージズ
印刷・製本 中央精版印刷株式会社

ISBN978-4-86581-191-9